建设工程关键环节质量预控手册

建筑分册

结构篇

上海市工程建设质量管理协会
上海市建设工程安全质量监督总站　主编

同济大学出版社 · 上海

图书在版编目（CIP）数据

建设工程关键环节质量预控手册.建筑分册：结构篇/上海市工程建设质量管理协会，上海市建设工程安全质量监督总站主编. —上海：同济大学出版社，2021.10

ISBN 978-7-5608-9949-7

Ⅰ.①建… Ⅱ.①上… ②上… Ⅲ.①建筑结构－工程质量－质量控制－手册 Ⅳ.① TU712.3-62

中国版本图书馆 CIP 数据核字（2021）第 205530 号

建设工程关键环节质量预控手册（建筑分册）：结构篇

上海市工程建设质量管理协会
上海市建设工程安全质量监督总站 主编

策　　划	高晓辉	**责任编辑**	高晓辉	**责任校对**	徐春莲	**封面设计**	陈益平

出版发行　同济大学出版社　　www.tongjipress.com.cn
　　　　　（地址：上海市四平路1239号　邮编：200092　电话：021-65985622）
经　　销　全国各地新华书店
排　　版　南京文脉图文设计制作有限公司
印　　刷　上海丽佳制版印刷有限公司
开　　本　787 mm×1092 mm　1/16
印　　张　6.25
字　　数　156 000
版　　次　2021 年 10 月第 1 版　　2022 年 10 月第 2 次印刷
书　　号　ISBN 978-7-5608-9949-7

定　　价　50.00 元

编委会

顾　问：裴　晓
主　审：李宜宏
主　任：刘　军
副主任：梁　丰　金磊铭　谢　华
委　员：刘群星　邓文龙　刘　涛　王　杰　姚　军　周红波　沈　昱

主　编：谢　华
副主编：张　洁　陈卫伟
成　员：（排名不分先后）

朱新华　刘学科　韩育淞　谢　铮　徐佳彦　王荣荣　辛达帆
鲍　逸　史敏磊　颜　炜　赵尚君　王　鑫　陈仲明　任嘉俊
田恒涛　刘　飞　余　晨　王怀琪　顾　浩　王沛生　潘双华
熊　涛　朱枭枭　吉　欣　施春锋　吴文歆　蔡竑旻　严　伟
计豪丰　郁振家　范辉春　叶青荣　王国渊

主编单位：上海市工程建设质量管理协会
　　　　　上海市建设工程安全质量监督总站
参编单位：中国建筑第八工程局有限公司
　　　　　上海建工集团股份有限公司
　　　　　中国建筑第八工程局有限公司上海公司
　　　　　中建八局科技建设有限公司
　　　　　上海建工一建集团有限公司
　　　　　上海建工二建集团有限公司
　　　　　上海建工四建集团有限公司
　　　　　上海建工七建集团有限公司
　　　　　上海市安装工程集团有限公司
　　　　　上海市基础工程集团有限公司
　　　　　上海市机械施工集团有限公司
　　　　　上海市建筑装饰工程集团有限公司
　　　　　上海市浦东新区建设(集团)有限公司
　　　　　上海家树建设集团有限公司

前言

进入新时代,为深入贯彻落实《中共中央 国务院关于开展质量提升行动的指导意见》,坚持以质量第一的价值导向,顺应高质量发展的要求,确保工程建设质量和运行质量,建设百年工程。

建筑工程质量,事关老百姓最关心、最直接、最根本的利益,事关人民对美好生活的向往。随着社会的进步,人民群众对建筑工程品质的需求日益提高,不再满足于有房住,更要求住好房。近年来,国家持续开展工程质量治理和提升行动,在全面落实工程质量主体责任等方面取得了显著成效。质量提升永无止境,面对新形势新要求,我们要把人民群众对高品质建筑的需求作为根本出发点和落脚点。

近年来,建筑业迅猛发展,建设工程项目中质量问题时有发生,特别是一些质量通病在竣工交付后得不到根治。从质量投诉多发问题来看,外墙渗漏、门窗渗漏、外墙脱落、保温层脱落、墙面开裂、卫生间漏水、水管漏水等质量问题占比较大;从发生质量问题的项目类型来看,住宅类项目居多。其原因有前期盲目抢工、施工工艺不达标、关键节点做法不正确、施工过程监管不到位等。后续整改维修费时费力,因此,需加强前端针对性预控措施。建筑工程质量问题,重在预控。

上海市工程建设质量管理协会和上海市建设工程安全质量监督总站在参照国家、上海市现行有关法律、法规、规范及工程技术标准基础上,组织上海市各大施工单位总结了工程建设质量管理和质量防治的相关经验,编制了《建设工程关键环节质量预控手册》(建筑分册)(以下简称《质量预控手册建筑分册》)。

《质量预控手册建筑分册》分为结构篇、装饰篇、安装篇、消防篇,比较详细地分析了建筑工程建设过程中对结构安全、交付使用有较大影响的关键环节质量问题的成因、表现形式,提出了针对性的预控手段。

《质量预控手册建筑分册》适用于建筑工程建设现场管理人员的日常质量管理,既可作为现场质量管理的工具书,也可作为参建单位的内部质量培训教材,对设计、监理、供应商等参与工程建设的各相关方提升质量管控水平都有较好的指导、借鉴意义,希望《质量预控手册建筑分册》的出版能为建设工程质量的提升有所帮助。

由于时间和水平所限,不足之处在所难免。如有不妥之处,恳请业界同仁批评指正。

编者

2021 年 8 月

目录

1.0.1　为进一步提高上海市建筑工程质量水平,规范建筑工程关键环节质量预控工作,推进建筑业稳定健康发展,特编制本手册。

1.0.2　本手册以施工单位施工过程中常见的质量问题为导向,以竣工交付后社会(业主)反映的焦点问题、新技术运用所产生的质量问题、涉及结构安全和使用功能的质量问题应采取的预控措施为内容进行编制。

1.0.3　本手册适用于上海市建筑工程关键环节的质量预控,其他工程关键环节的质量预控可参照本手册的规定执行。

1.0.4　建筑类工程关键环节的质量预控方法、措施和要求除执行本手册外,还应执行国家、上海市现行相关工程建设标准。

2 术语

2.0.1 关键环节

指涉及结构安全和重要使用功能的工序中施工难度大、过程质量不稳定或出现不合格频率较高的施工环节;对产品质量特性有较大影响的施工环节;施工周期长、原材料昂贵,出现不合格品后经济损失较大的施工环节;对形成的产品是否合格不易或不能经济地进行验证的施工过程环节。

2.0.2 充盈系数

一般用于桩基工程的灌注桩浇灌混凝土,是判断桩基工程的一个质量指标。灌注桩的混凝土充盈系数是指一根桩实际灌注的混凝土方量与按桩外径计算的理论方量之比。

2.0.3 橡皮土

含水量很大,趋于饱和的黏性土地基回填压实时,由于原状土被扰动,颗粒之间的毛细孔遭到破坏,水分不易渗透和散发,当气温较高时夯击或碾压,表面会形成硬壳,更阻止了水分的渗透和散发,埋藏深的土水分散发慢,往往长时间不易消失,形成软塑状的橡皮土,踩上去会有颤动感。

2.0.4 装配式混凝土结构

由预制混凝土构件通过可靠的连接方式进行连接并与现场后浇混凝土、水泥基灌浆材料形成整体的装配式混凝土结构,简称装配式混凝土结构。

2.0.5 钢筋套筒灌浆连接

在预制混凝土构件内预埋的金属套筒中插入钢筋并灌注水泥基灌浆料而实现的钢筋连接方式。

2.0.6 压型金属板

以冷轧薄钢板为基板,经镀锌或镀锌后覆以彩色涂层再经辊弯成型的波纹板材。具有成型灵活,施工速度快,外观美观,重量轻,易于工业化、商业化再生产等特点。钢结构工程中按照连接形式分为搭接型、咬合型及扣合型三种压型金属板。

3.0.1 建设单位是建设工程质量问题控制的第一责任人,负责组织实施建设工程质量控制,不得随意压缩工程建设的合理工期与刻意追求低价中标;在组织实施中应采取相关管理措施,保证本手册执行。

3.0.2 设计单位在建设工程设计中,应按照本手册的规定采取控制质量问题的相应设计措施,并将质量问题控制的设计措施和技术要求向相关单位交底。

3.0.3 施工单位应认真编写工程质量问题控制方案和施工措施等质量问题预控类方案,由施工企业项目技术负责人核准后经监理单位审查、建设单位批准后实施。

3.0.4 建设工程结构施工应符合下列要求:

(1)建设工程所使用的各类材料、构配件、器具及半成品等,其品种、规格、性能等必须符合现行国家或行业产品标准和设计要求。材料进场应进行外观检查、质量证明文件检查、厂家资质检查等,施工质量验收规范或本标准规定材料进场需复验的,应检查复验报告。

(2)各道工序施工严格执行"三检制",对各道工序加工的产品及影响产品质量的主要工序要素应进行检验,防止不合格品流入下道工序。

(3)建设工程应实行样板引路制度,工程大面积开工前,通过对样板验收和评价及时调整设计构造、选材、施工工艺等方面的不合理之处,避免大面积施工时因整改和返工造成工期、质量和成本等方面的损失。

(4)在工序施工前,项目须结合工程特点和实际情况,对各工种负责人下达详细质量交底,交底内容包括施工准备、施工工艺、质量标准、特殊要求、成品保护等方面内容。

(5)工程施工过程中应注意成品保护,制定具体的保护措施,特别是后期要防止成品破坏、交叉污染及设备丢失损坏等情况的发生。

4 地基基础

4.1 桩基工程

4.1.1 预制桩沉桩达不到标高问题控制

【问题描述】

沉桩困难,桩体矗立地面或沉桩达不到设计标高(图 4-1)。

图 4-1 桩体矗立地面或沉桩达不到设计标高

【原因分析】

(1)勘察成果资料不全面、不准确,持力层高低起伏。

(2)群桩施工时,后沉桩土层挤压密实致使沉桩困难。

(3)沉桩设备选择不当。

(4)预制桩质量差,沉桩过程中发生桩身断裂、桩顶破碎的情况。

【预控措施】

(1)探明工程地质条件,试沉桩发现异常时应进行补勘。

(2)预制桩成品质量应达到国家标准和满足设计要求。

(3)合理制定设计标高,制定设计确认"停打标准",避免过度压桩导致桩头损坏。

(4)合理选择施工方法和沉桩机械设备,严格按正确的施工顺序施打。

(5)沉桩困难时可采用植桩法。

(6)沉桩工艺要连续。合理控制接桩时间,做到沉桩过程连续有序。

4.1.2 预制桩桩身断裂问题控制

【问题描述】

桩身产生通透性断裂(图4-2)。

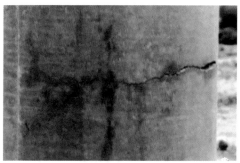

图4-2 桩身产生通透性断裂

【原因分析】

(1)桩生产时,桩尖偏离桩的纵轴线,桩身垂直度不符合规范要求,沉入过程中桩身发生倾斜或弯曲。

(2)桩入土后,遇到大块坚硬的障碍物,把桩尖挤向一侧。

(3)稳桩不垂直,压入地下一定深度后,再用走架方法校正,导致桩身产生弯曲。

(4)两节桩或多节桩施工时,相接的两节桩不在同一轴线上,产生了弯曲,进而导致压桩时桩身断裂。

(5)成品桩的混凝土强度不够,桩在堆放、吊运过程中产生裂纹或断裂,进场验收时未发现裂纹情况。

【预控措施】

(1)预制桩进场应进行进场验收,资料方面,要检查桩基的质量证明文件,确保混凝土强度等级、养护龄期等均满足要求;外观方面,要检查桩长、截面尺寸、桩身有无裂缝、桩身垂直度等问题。

(2)施工前将桩位下的障碍物清除干净,对成品桩构件进行检查,发现桩身弯曲超标或桩尖不在纵轴线上的不宜使用。

(3)在沉桩过程中及时纠正不垂直情况,接桩时要保证上下桩在同一纵轴线上,接桩位置要严格按照操作规程施工。

(4)桩在堆放、吊运过程中,严格按照有关规定执行,发现裂缝超过允许范围坚决不能使用。

(5)施工务必按照规定的顺序进行。

4.1.3　预制桩桩位偏差、桩身倾斜问题控制

【问题描述】

预制桩桩位偏差大，桩身垂直度偏差大(图 4-3)。

图 4-3　桩位偏差大，桩身垂直度偏差大

【原因分析】

(1) 放线不准确造成桩位偏差。

(2) 沉桩过程中，遇到障碍物，使桩产生偏差。

(3) 沉桩过程中，锤子未击在桩中心，使桩偏心受力，也会导致桩发生偏位。

(4) 施工过程中产生累积误差。

(5) 压桩机平台没有调平，压桩机立柱和平台不垂直。

(6) 送桩杆、桩头、桩身不在同一轴线上，或桩顶不平整造成施工偏压。

(7) 桩尖偏斜或桩体弯曲。

(8) 接桩质量不良、接头松动或上下节桩不在同一轴线上。

(9) 压桩顺序不合理，后压的桩挤压先压的桩。

(10) 基坑围护施工不当，或挖土方法、顺序及开挖时间、深度不当。

【预控措施】

(1) 准确复核放线的精度。

(2) 压桩施工时使用顶升油缸将桩机平台调平。

(3) 压桩施工前将立柱和平台调至垂直状态。

(4) 桩插入时对中误差控制在 10 mm 内，并用两台经纬仪在互相垂直的两个方向保证其垂直度。

(5) 送桩孔应及时回填。

(6) 施工前详细调查掌握施工环境、场地建筑历史和地层土性，填土层的土性及分布状况，预先清除障碍物。

（7）施工时确保桩杆、桩头、桩身在同一轴线上，并在施工时及时调整校验。

（8）提高桩的制作质量，加强进场桩的质量验收，防止桩顶和接头面的歪斜及桩尖偏心和桩体弯曲等不良现象发生，坚决不用不合格的桩。

（9）提高施工焊接质量，保证上下节同轴，严格按规范要求进行隐蔽工程验收。

（10）制定合理的压桩顺序，尽量采取"走长线"压桩，给应力消散提供尽量长的时间，避免其累积叠加，减小挤土影响。

（11）压桩结束 10 d 左右，待应力充分消散后方可开挖；围护结构应有足够强度和刚度，避免侧向土体位移，机械开挖至桩顶 30 mm 时采用人工开挖，避免挖斗碰撞桩头。

4.1.4 预制桩接桩处开裂问题控制

【问题描述】

焊缝不饱满，接桩处拉脱开裂（图 4-4）。

图 4-4 焊缝不饱满，接桩处拉脱开裂

【原因分析】

（1）未按规定进行焊接作业，未分层焊接。

（2）焊接冷却时间不足即进行沉桩，造成焊接处开裂。

【预控措施】

（1）施工前，应检查焊工操作证，并进行试焊考核。

（2）接桩前，对上下节桩端板上的杂质、油污、水分等必须清理干净，保证接桩位置的端板表面清洁。

（3）接桩时，两节桩应保持在同一轴线上，焊接预埋件应平整，焊接层数不得少于 2 层，焊接时必须将内层焊渣清理干净后再焊外一层，坡口槽的电焊必须满焊，电焊厚度宜高出坡口 1 mm。

4.1.5　灌注桩塌孔问题控制

【问题描述】

灌注桩成孔过程中或成孔后发生塌孔现象。

【原因分析】

（1）成孔施工设备、工艺、泥浆品质选择错误，未根据设计图纸及地质条件选择适合的成孔设备、工艺、泥浆护壁参数。

（2）泥浆稠度小，护壁效果差，出现漏水；或护筒埋置较浅，周围封堵不密实而出现漏水；或护筒底部土层厚度不足，护筒底部出现漏水，造成泥浆水头高度不足，对孔壁压力小。

（3）泥浆相对密度不符合方案要求，水头对孔壁的压力未达到设计要求。

（4）在松软的砂层中进尺过快，泥浆护壁形成较慢，孔壁渗水。

（5）钻进时中途停钻时间较长，孔内水头未能保持在孔外水位或地下水位线以上 2.0 m，降低了水头对孔壁的压力。

（6）提升钻头或吊放钢筋笼时碰撞孔壁。

（7）钻孔附近有大型设备或车辆振动。

（8）孔内水流失造成水头高度不够。

（9）清孔后未能及时灌注混凝土。

【预控措施】

（1）根据设计部门提供的地质勘探资料，对于不同的地质情况，选用适宜的泥浆比重、泥浆黏度和不同的钻进速度。如在砂层中，应选用较好的造浆材料，加大泥浆稠度、提高泥浆黏度以加强护壁，并适当降低进尺速度。

（2）在埋置护筒时，底部应夯填密实，护筒周围也要回填密实。

（3）水中振动沉入护筒时，根据地质资料，将护筒穿过淤泥及透水层，护筒衔接严密不漏水。

（4）汛期或潮汐水位变化大时，采取升高护筒、增加水头的措施保证水头压力相对稳定。

（5）钻孔无特殊原因应尽量连续作业。

（6）提升钻头或吊放钢筋笼尽量保持垂直，不要碰撞孔壁。

（7）钻孔时尽量避免大型设备作业或车辆通过。

（8）灌注工作不具备时暂时不要清孔，降低泥浆比重。

4.1.6　灌注桩充盈系数小于设计要求问题控制

【问题描述】

实际灌装方量与理论方量比值小于 1。

【原因分析】

(1) 钻头选型偏小,造成孔径偏小。

(2) 钻杆余尺控制不准确,使得实际孔深未达到设计孔深。

(3) 未达到桩顶控制标高即停止浇筑混凝土。

(4) 混凝土坍落度和易性差,导致实际灌注方量小于理论方量。

【预控措施】

(1) 开钻前选用合适钻头,并对尺寸进行复核,合格后方可进行施工。

(2) 加强孔深检查力度,达到设计孔深后,方可浇筑。

(3) 加强浇筑控制,做好测量。

(4) 进场混凝土检测,混凝土和易性不合格严禁进场。

4.1.7 钻孔灌注桩桩身承载力不符合要求问题控制

【问题描述】

桩身承载力不足。

【原因分析】

(1) 该桩成孔后桩底泥浆长时间浸泡桩端持力层,造成持力层软化。

(2) 该桩成孔后塌孔形成软弱层。

(3) 超前钻资料不准确,使该桩在软弱层内终孔。

(4) 桩底沉渣厚度超过设计要求,影响桩身质量。

(5) 桩身混凝土质量达不到设计要求。

(6) 桩身浇筑时,不符合设计及规范要求,导致桩身承载力不足。

【预控措施】

(1) 桩成孔后,及时做好清孔工作,吊放钢筋笼,泥浆检验合格后,及时浇筑混凝土。

(2) 发生塌孔后,应对孔重新进行清理,清理干净后,方可进入下一道工序。

(3) 成孔后,做好沉渣清理工作,并检测泥浆一清、二清的性能,合格后方可浇筑。

(4) 保证混凝土灌注的连续性,如果不能保证连续浇筑就不浇筑。

(5) 检验进场混凝土材料的性能及检验报告,不合格严禁进场。

(6) 混凝土浇筑时,保持初灌量,控制导管埋深在 1.5～2.0 m;灌注混凝土过程中,应随时掌握混凝土浇筑的标高及导管埋深,严禁将导管提出混凝土面。

(7) 超灌应当超过设计标高 0.8～1 m。土方开挖完成后对桩头部分进行凿除,凿至设计标高,以确保桩身混凝土强度满足要求。

(8) 灌注桩混凝土浇筑完成后,不得立即对空孔部分进行回填,应静置 48 h 以上,待桩身混凝土具备一定强度后方可回填。

(9)试桩在做检测前,应保证桩头清理到位,并且桩头浇筑务必垂直(图4-5)。

图4-5   桩头清理到位,浇筑垂直

4.1.8   结构不均匀沉降、裂缝问题控制

【问题描述】

由于结构不均匀沉降,产生斜裂缝、竖向裂缝、水平裂缝、收缩缝等(图4-6)。

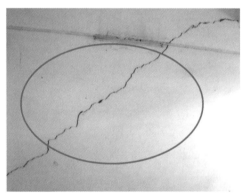

图4-6   结构不均匀沉降引发裂缝

【原因分析】

(1)斜裂缝成因是地基局部沉降,使墙体承受较大的剪力,当砌体受拉应力超过其抗拉强度时,即发生断裂,混凝土结构墙面出现斜裂缝。

(2)由于地基的承载力不一样,构筑物重心产生了明显的偏离,整个构筑物发生不均匀下沉,不均匀下沉导致竖向开裂。

(3)水平裂缝一般出现在窗间墙处,在窗间墙的上下对角处成对出现,沉降大的一边裂缝在下,沉降小的一边裂缝在上,其产生的主要原因是沉降单元上部受到阻力,使窗间墙受到较大的水平剪力,发生上下位置的水平裂缝。

(4)施工过程中混凝土尚未达到标准强度,经振捣后,混凝土表面泌水较多。

【预控措施】

(1)加强地基勘察,验槽时应钎探,以探明局部软弱土层。对照勘探报告,辨别土层成分,防止因未做土样分析而将某些特性土,如膨胀土、湿陷性黄土当作一般土处理。对发现的软弱土部分,应处理后再进行基础施工。

(2)观测裂缝发展的速度、部位、程度,决定是表面处理、上部加固还是基础加固处理。

(3)对截面相差超过450 mm的构件,要先浇筑较深的部位,静置1~1.5 h,待沉降稳定后再与上部薄截面同时浇筑。同时要控制水灰比、砂率、坍落度及保护层厚度符合规范要求。

4.2 土方工程

4.2.1 场地积水问题控制

【问题描述】

场地范围内局部积水(图4-7)。

图4-7 场地局部积水

【原因分析】

(1)场地周围未做排水沟,或场地未做成一定排水坡度,或存在反向排水坡。

(2)测量错误,使场地标高不一。

【预控措施】

(1)查询气候情况,确保排水沟尺寸能够满足排水;按要求做好场地排水坡和排水沟;提前找好足够排量的能排出雨水的污水井。

(2)做好测量复核,避免出现标高误差。

4.2.2 挖方边坡塌方问题控制

【问题描述】

在挖方过程中或挖方后,边坡土方局部或大面积塌陷或滑塌(图4-8)。

图4-8　边坡土方局部或大面积塌陷

【原因分析】

(1)基坑(槽)开挖较深,未按规定放坡。

(2)在有地表水、地下水作用的土层开挖基坑(槽),未采取有效降排水措施。

(3)坡顶堆载超过设计极限或受外力震动影响,使坡体内剪切应力增大,土体失去稳定,导致塌方。

(4)土质松软,开挖次序、方法不当而造成塌方。

【预控措施】

(1)根据不同土层土质情况采用适当的挖方坡度。

(2)做好地面排水措施,基坑开挖范围内有地下水时,采取降水措施。

(3)坡顶上弃土、堆载,应远离挖方土边缘3～5 m。

(4)土方开挖应自上而下分段分层依次进行,并随时做成一定坡势,以利泄水。

(5)避免先挖坡脚,造成坡体失稳。

(6)相邻基坑(槽)开挖,应遵循先深后浅,或同时进行的施工顺序。

(7)根据边坡暴露情况,及时进行坡面护坡(含土钉、钢筋网片、泄水孔等)施工和垫层、底板施工。

4.2.3 超挖问题控制

【问题描述】

实际开挖面超出设计开挖控制线以外(图4-9)。

【原因分析】

(1)未分层开挖,机械开挖操作偏差,局部多挖。

(2)测量放线错误。

图 4-9 开挖面超出设计开挖控制线

【预控措施】

（1）分层、分级开挖,开始阶段可采用大型机械开挖,靠近设计标高、沟槽开挖时应采用小型机械开挖,并辅以人工配合。

（2）加强标高、轴线等控制参数复测,进行严格定位。

4.2.4 基坑(槽)泡水问题控制

【问题描述】

地基被水淹泡(图 4-10),造成地基承载力降低。

图 4-10 地基被水淹泡

【原因分析】

（1）在地下水位以下挖土,未采取降水措施将水位降至基底开挖面以下。

（2）当不能立即进行底板垫层浇筑时,坑底未预留部分土体作为坑底保护。

（3）土方局部见底时,未开挖临时集水井、排水沟,未安装临时水泵对雨水、地下水进行分抽排。

【预控措施】

（1）土方开挖至坑底时,应在基坑四周开挖临时集水坑,安装水泵,对地下水、雨水进行抽排。

（2）土方即将开挖至设计标高时，应注意天气情况，当不能立即进行封底时，应在坑底预留部分土方（可与人工开挖土方合并），条件具备时再进行开挖，并立即组织相关单位进行基坑验槽，坑底封闭。

4.2.5　填方边坡塌方问题控制

【问题描述】

填方边坡塌方、塌陷或滑塌（图 4-11）。

图 4-11　填方边坡塌方

【原因分析】

（1）边坡坡度偏陡，与原陡坡接合未挖成阶梯形搭接，边坡填土未按要求分层回填压（夯）实。

（2）边坡基底的草皮、淤泥、松土未清理干净。

（3）填方土料采用淤泥质土等不符合要求的土料。

（4）边坡坡角未做好排水，由于水的渗入，土的内聚力减小或坡角被冲刷而导致塌方。

【预控措施】

（1）永久性填方边坡坡度应根据填方高度、土的种类和工程重要性按设计规定放坡。

（2）按要求清理基底和做阶梯形接槎。

（3）选用符合要求的土料，按填土压实标准进行分层、回填碾压或夯实。

（4）在边坡上下部做好排水沟，避免在影响边坡稳定的范围内积水。

4.2.6　回填引起不均匀沉降、裂缝问题控制

【问题描述】

由于回填不密实等原因，引起不均匀沉降、产生裂缝等（图 4-12）。

图 4-12　回填引起不均匀沉降、产生裂缝

【原因分析】

(1) 填土夯打后土体发生颤动,形成橡皮土。

(2) 回填土密实度达不到要求,沉陷。

(3) 基础施工完毕后不及时回填。

(4) 地基产生不均匀沉降。

【预控措施】

(1) 夯实填土时,适当控制土体的含水量,避免在含水量不符合设计要求的原状土上进行回填。实际施工中可用干土石灰粉等吸水材料均匀掺入土中降低含水量,或将橡皮土翻松、晾干、风干至最优含水量范围后再夯实。

(2) 选择符合要求的土料回填,控制土料中不得含有直径大于 50 cm 的土块及较多的干土块;按所选用的压实机械性能,通过试验确定含水量控制范围内每层虚铺厚度、压实遍数、机械行驶速度;严格进行水平分层回填压(夯)实;加强现场检验,使其达到要求的密实度。

(3) 如土料不符合要求,可采取换土或掺入石灰、碎石等压实加固措施;土料含水量大于图纸要求,可采取翻松、晾晒、风干或掺入干土等措施重新压(夯)实;含水量小于图纸要求或碾压机具能量不符合方案要求,可采取增加压实遍数或使用大功率压实机械碾压等措施。

(4) 基础施工完毕后,应及时进行基坑回填工作。回填前,将槽(坑)中积水排净,淤泥、松土、杂物清理干净。

(5) 设置沉降缝,将建筑物分隔成几个刚度较好的单元,使每个单元有调整不均匀变形的能力。

(6) 在基础和墙体内设置钢筋混凝土圈梁等,以提高砌体抗剪和抗拉强度,加强基础的刚度和强度,增强建筑物的整体性。

4.3 地下防水

4.3.1 防水混凝土结构裂缝、渗漏问题控制

【问题描述】

混凝土结构刚性自防水渗漏(图4-13)。

图4-13 混凝土结构刚性自防水渗漏

【原因分析】

(1)混凝土振捣不密实或施工过程中出现暂停。

(2)由于混凝土振捣不密实,出现蜂窝、麻面等未处理,或处理时未剔松散混凝土,没用掺加外加剂的同比例细石混凝土修补,且砂浆不密实,导致混凝土疏松产生渗漏。

(3)混凝土浇筑时,擅自加水,导致混凝土离析。

(4)搭设模板时预留的支模钢筋等,或楼梯模架钢管直接落在底板钢筋层内,切割后由于没有保护层,形成化学腐蚀,造成渗漏。

(5)穿墙支模螺杆未采用止水螺杆或安装位置不当,或拆模后螺杆割除不彻底,螺杆洞封堵不密实。

(6)当混凝土为大体积混凝土时,由于措施不当,水泥水化热引起混凝土激烈温度变化,造成混凝土温度裂缝。

(7)混凝土浇筑完成后,未按要求进行收面、养护,导致混凝土失水产生裂缝,造成渗漏。

(8)混凝土浇筑完成后,未采取相应防护措施,或堆放超过混凝土设计堆载要求的施工材料、行走机械设备等,产生裂缝,造成渗漏。

(9)混凝土浇筑后,未达到设计要求强度,擅自拆除支模架,导致结构变形,产生裂缝,造成渗漏。

(10)迎水面钢筋保护层厚度不符合设计要求。

【预控措施】

(1)严格控制商品混凝土原材料质量,优化混凝土配合比,严格按照规范要求进行制备。

(2)做好商品混凝土进场后的检验,严格落实混凝土过磅及坍落度检测制度,不合格材料严禁进场。

(3)严禁私自往混凝土中加水。

(4)混凝土应分层浇筑、分层振捣,振捣密实,控制单次插入时间为 20~30 s,快插慢拔。

(5)加强混凝土养护,减少混凝土内外温差,做好大体积混凝土测温记录。

(6)做好混凝土浇筑完成后的保护措施,避免人为损坏,堆载施工材料不得超过设计荷载要求,施工机械不得在非消防道路的混凝土面行走。并且应对临时材料堆场、施工道路进行复核验算,并增加回顶措施。

(7)混凝土未达到设计允许强度前,严禁擅自拆除任何模架支撑体系,包括立杆、水平杆、斜撑等。

(8)针对迎水面部位,选用合适尺寸的保护层垫块,并按不少于 5 个/m² 进行设置。

4.3.2 变形缝渗漏问题控制

【问题描述】

变形缝(包括伸缩缝和沉降缝)处发生渗漏(图 4-14)。

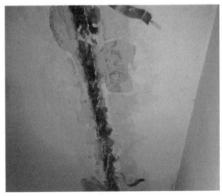

图 4-14 变形缝处发生渗漏

【原因分析】

(1)变形缝只采用一道外贴式止水带或中埋式止水带设防,构造设置简单一般。

(2)橡胶止水带埋设的位置不够准确。止水带中间的空心圆环与变形缝中心点不能重合,严重影响止水带的适应变形能力。

（3）橡胶止水带与两侧建筑物的结合不够严密。

（4）伸缩缝两侧的混凝土浇筑时间有差异,混凝土部分的不平整外露对止水带缺乏有效的保护。

【预控措施】

（1）建筑变形缝的设置必须确保一定的伸缩量,才能满足建筑物变形和防水密封的双重要求。

（2）严控橡胶止水带埋设位置,并在混凝土浇筑过程中检查是否有位移现象。

（3）要先将与止水带贴合面处理平整,另外在施工中止水带还可能被钢筋、钉子及其他坚硬利器碰坏割伤。

（4）多注意止水带的材料及埋置。一般建议施工方采用嵌缝密封、注浆止水和防水抹面等保护相结合的多道施工方案进行埋置。

4.3.3 施工缝渗漏控制问题控制

【问题描述】

现场分段、分层浇筑混凝土结构发生渗漏(图4-15)。

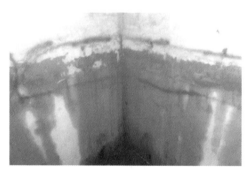

图4-15 现场分段、分层浇筑混凝土结构发生渗漏

【原因分析】

（1）旧混凝土接触面处理不到位,未进行全面凿毛或凿毛不彻底。

（2）水平施工缝混凝土基面未清理干净,面层有垃圾、浮灰等,混凝土连接不紧密。

（3）水平施工缝防水未做加强层。

（4）遇水膨胀止水胶尺寸及性能不满足要求。

（5）侧墙模板底部与混凝土面封缝不严实。

（6）同标号砂浆浇筑厚度不足。

【预控措施】

（1）混凝土结构施工时,对水平施工缝混凝土基面凿毛进行严格控制:一是进行全面凿毛,二是保证凿毛深度 1～2 mm,三是清理浮浆颗粒,四是施加水泥基界面剂。通过上述措施,凿毛面积比例达到 100%,凿毛深度 2 mm,混凝土表面无浮浆颗粒,保证了新旧混凝土面接触充分。

(2)混凝土结构施工时,在涂止水胶之前和浇筑混凝土之前分别对水平施工缝混凝土基面杂物和垃圾进行彻底清理。通过采取上述措施,在后续结构混凝土浇筑时,水平施工缝混凝土基面干净无垃圾和杂物,保证了新旧混凝土的紧密结合。

(3)水平施工缝防水做加强层,涂聚氨酯。SBS 防水卷材加强层施工符合防水要求。

(4)施工缝采用的遇水膨胀止水胶膨胀率不小于 150%,性能满足设计要求。使用量充足,断面尺寸满足设计图纸要求。止水胶施工完成后,采用塑料膜做好成品保护,避免雨水浸泡导致膨胀失效,保证混凝土浇筑前合格率为 100%。浇筑混凝土后,止水胶膨胀量能将施工缝处的空隙充分填充。

(5)混凝土结构施工时,对侧墙模板底部缝隙进行了严格排查和控制,一是加强底部模板支撑;二是排查模板缝隙,进行封堵处理。

(6)混凝土结构施工时,根据水平施工缝的长度和砂浆浇筑厚度,控制好同标号砂浆浇筑的总方量。同标号砂浆浇筑厚度控制在 5～8 cm。同标号砂浆浇筑沿水平施工缝均匀浇筑,杜绝集中浇筑和间隔浇筑,并做好振捣工作。

4.3.4 后浇带渗漏问题控制

【问题描述】

后浇带交接处发生渗漏现象(图 4-16)。

图 4-16 后浇带交接处发生渗漏

【原因分析】

后浇带部位的混凝土浇筑时间不符合设计要求,后浇带两侧结构混凝土收缩变形尚未完成,发生开裂、渗漏。

【预控措施】

（1）后浇带封闭时间应由设计单位明确，如果为沉降后浇带，则必须在主体结构施工完成后，结构沉降趋于稳定也应得到设计单位确认后再进行后浇带封闭。

（2）混凝土结构施工时，后浇带两侧应预埋封闭的止水钢板。

（3）后浇带混凝土浇筑时间宜选择在一天中气温较低的时候浇筑，尽量避免收缩裂缝的产生。

（4）施工前对接缝面应用钢丝刷清理并凿毛，最好是凿去表面砂浆层，完全露出新鲜混凝土。

（5）后浇带混凝土标号应等于或大于原结构的混凝土标号，混凝土浇筑应采用二次振捣法，以提高密实性和界面的结合力，养护时间不得小于 28 d，且后浇带两侧架体严禁拆除。

4.3.5　柔性防水层空鼓、渗漏问题控制

【问题描述】

柔性防水层发生空鼓，导致渗漏(图 4-17)。

图 4-17　柔性防水层发生空鼓

【原因分析】

（1）基层含水量超过 7%，在夏季施工，涂层表面干燥成膜后，基层水分蒸发，水汽无法排出而起泡、空鼓。

（2）冬季低温施工，水性涂膜没有干就涂刷上层涂料，有时涂层太厚，内部水分不易逸出，被封闭在内，受热后鼓泡。

（3）基层没有清理干净，涂膜与基层黏结不牢。

（4）没有按规定涂刷基层处理剂。

（5）建筑物的不均匀下沉、结构变形、温差变形和干缩变形，常造成屋面板胀缩、

变形,使防水涂膜被拉裂。

【预控措施】

(1)应选用耐久性和延伸性好的防水卷材或防水涂料,且柔性防水层应设置在迎水面,柔性防水层的基层应用1∶2.5水泥砂浆找平。

(2)找平层表面必须平整,不能存在凹凸不平的情况。同时应清理干燥。

(3)柔性防水层施工前地下水应降至垫层30 cm以下。

(4)柔性防水层施工前应涂刷基层处理剂,卷材宜使用满铺法铺贴,确保铺贴严密,防水涂料应多遍成活。

(5)施工完毕后,应做好成品保护措施。

4.3.6 管道周边渗漏问题控制

【问题描述】

管道周边结构浇筑不密实,防水材料未加强处理,导致渗漏(图4-18)。

图4-18 管道周边发生渗漏

【原因分析】

(1)管道周围混凝土浇筑困难,振捣不密实。

(2)一些预埋件以及环片上有锈蚀层未清除,混凝土不能与预埋件严密黏结。

【预控措施】

(1)预埋套管安放固定,应略向外有坡度,严禁向室内倒坡倾斜。

(2)套管应用防水卷材包裹。

(3)防水套管完成后,要在内侧做防腐处理,防腐时先刷两遍防锈漆,再刷一遍防腐沥青漆。

5 主体结构

5.1 现浇混凝土

5.1.1 轴线尺寸偏差问题控制

【问题描述】

（1）插筋位置偏差（图 5-1）。

图 5-1 插筋位置偏差

（2）受力构件截面尺寸不足（图 5-2）。

图 5-2 受力构件截面尺寸不足

【原因分析】

(1) 上下层定位弹线有偏差。

(2) 模板定位线不标准。

【预控措施】

(1) 从首层楼板面开始,采取以下措施:①控制总线布点;②双模板控制线;③墙身线等进行弹线。

(2) 模板安装完成后,控制线从结构板引至模板上,模板上弹出墙、梁控制线,采用扫平仪或经纬仪投测,严禁直接从梁模进行引测放线。

(3) 对穿越楼层的所有楼梯、井道、洞口、管弄等关键部位,应对模板面进行放线控制。

(4) 结构放线采用双线控制,控制线与定位线间距按照 300 mm 引测;轴线、墙柱控制线、周边方正线在混凝土浇筑完成后同时引测[1](图 5-3)。

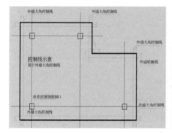  

| (a) 轴线控制线示意 | (b) 轴线控制线实样示意 | (c) 控制线效果示意 |

图 5-3 轴线控制线示意

5.1.2 模板安装质量问题控制

【问题描述】

(1) 模板拼缝不密实(图 5-4)。

图 5-4 模板拼缝不密实

（2）模板固定方式不满足方案要求(图 5-5)。

图 5-5　模板固定方式不正确

（3）模板未养护和清理(图 5-6)。

图 5-6　模板未养护和清理

【原因分析】

（1）模板周转次数过多,导致变形。

（2）模板养护不到位,导致损坏严重,但未做更换。

（3）交底不清,工人模板安装不规范。

【预控措施】

（1）楼板采用标准木方(进场前必须在工厂进行过刨)作为格栅,木方截面标准尺寸宜为 50 mm×100 mm。

（2）模板铺设前应按模板排列图进行(图 5-7)。

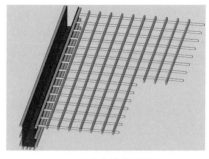
(a) 木方排布示意图

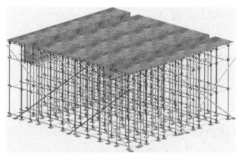
(b) 模板排架铺设示意图

(c) 墙模板搭设

(d) 柱模板搭设

(e) 模板清理码放

(f) 模板清理、上脱模剂

图 5-7 模板铺设

（3）模板宜采用 18 mm 厚模板,拼缝严密、平整、不漏浆,拼缝由专人刨直,拼缝之间用双面胶防止漏浆,平台模板表面平整,梁模横平竖直,梁板起拱高度应满足设计要求。

（4）按开间定尺加工,通长无搭接,梁、柱、墙阴阳角双向设置木方压边,提高刚度,防止漏浆。

（5）模板拼缝处应粘贴海绵条并用木方压实,木方间距 200 mm 或符合方案要求。

（6）剪力墙对拉螺杆应用:外墙、电梯间、斜屋面板采用三段内置式对拉螺杆;内墙采用宽螺纹冷挤压对拉螺杆,采用长螺纹螺帽或双螺帽,增加抗滑移性能。

对拉螺杆间距要求:堵头板边 100 mm 起开始安装对拉螺杆;离地 200 mm 设置第一道螺杆;距板底 200 mm 设置一道螺杆;底部一至二排间距 450 mm;其余间距根

据墙长或墙高进行均分,间距在 450～500 mm;模板根部应进行水平加固;转角部位的对拉螺杆距阴角小于或等于 200 mm。

(7)为防止柱墙根部混凝土漏浆,形成烂根、吊脚等缺陷,应采用水泥砂浆或其他措施对模板根部缝隙进行封堵。

(8)拆模后设置专人、专用工具对模板进行清理,清除模板上遗留的混凝土残浆,表面清理干净后应对变形和损伤的部位进行修复,破损严重的及时更换。模板清理合格后方能涂刷脱模剂,脱模剂宜选用专用脱模剂,严禁用废机油作脱模剂。脱模剂涂刷后应在短期内及时浇筑混凝土,以防隔离层遭受破坏[2]。

(9)在浇筑混凝土前,应将模板内清理干净,木模板应浇水湿润,但模板内不应有积水。

5.1.3　钢筋连接质量问题控制

【问题描述】

(1)钢筋接头不满足规范要求(图 5-8)。

(2)钢筋保护层不满足规范要求(图 5-9)。

图 5-8　钢筋接头不规范　　　　　　图 5-9　钢筋保护层不规范

【原因分析】

(1)图纸交底不清,加工尺寸有偏差。

(2)绑扎过程质量控制不严格。

(3)施工工序错误,导致垫块无法有效放置。

【预控措施】

(1)剪力墙主筋与伸出搭接筋的搭接长度应符合要求,绑扎接头相互错开;第一道竖向筋与暗柱间的距离宜为竖向钢筋间距,第一道水平筋应距离混凝土板面 50 mm。全部钢筋的相交点扎牢,绑扎时相邻绑扎点的铁丝扣成八字形,以免网片歪斜变形。

(2)剪力墙中有暗梁、暗柱时,应先绑暗梁、暗柱再绑周围横向筋。横向筋在两端头、转角、十字节点、连梁等部位的锚固长度及洞口周围加固钢筋等,均应符合设计抗震要求。拉筋端头应弯成 135°,垂直于墙体,平直部分长度不小于 10d(d 为钢筋直径,下同)。

(3)板钢筋保护层厚度措施到位;在模板上按照间距 1.5 m 垫好垫块,垫块厚度同保护层厚度。底筋绑扎过程中,预埋件、电线管、预留孔等及时配合安装,原则上不得切断或移动钢筋。

(4)绑扎板筋时用顺扣或八字扣,除外围两根钢筋的相交点应全部绑扎外,其余各点可交错绑扎(双向板相交点须全部绑扎);负弯矩钢筋每个交点均要绑扎,其余与底筋相同(图 5-10)。检查弯钩立起高度是否超过板厚,如超过,则将弯钩放斜,甚至放倒。

(5)板面筋及底筋之间应按照设计间距放置钢筋支撑或马凳筋,并与板筋扎牢。板面搭设规范的马道,注意成品保护。

(a)墙钢筋绑扎样板

(b)柱梁钢筋绑扎实体

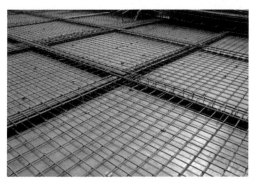
(c)板钢筋绑扎实体

图 5-10　钢筋绑扎示例

5.1.4　梁柱节点不同等级强度混凝土浇筑不规范

【问题描述】

梁柱节点处不同强度混凝土未作有效隔离。

【原因分析】

（1）隔离钢丝网未设置。

（2）隔离钢丝网绑扎不牢。

（3）浇筑时高标号混凝土浇筑标高不足。

【预控措施】

（1）框架柱水平施工缝下部留置在基础或楼板的顶面,上部留置在框架梁底面。

（2）不同强度等级混凝土现浇构件相连接时,两种混凝土的接缝位置必须设置在低强度等级的构件中;沿预定的接缝位置设置 5 mm×5 mm 的固定筛网,用塔吊先浇筑高强度等级混凝土,初凝前用布料机浇筑大面积梁板低强度等级混凝土。

（3）梁板的混凝土采用二次振捣法,即在混凝土初凝前再振捣一次,增强高低强度等级混凝土交接面的密实性,减少收缩[3]。

（4）当墙柱与梁板混凝土强度等级相差在一个标号以内时,可与设计单位进行沟通,经同意后可采用低标号混凝土浇筑节点位置。当相差 2 个及以上标号时,应在接头位置四周设置卡缝,卡缝位置距离墙柱不小于 500 mm,由顶向下斜向 45°。混凝土浇筑时,先浇筑高强度混凝土,浇筑至柱顶位置,再浇筑低强度混凝土。

(a) 柱梁钢丝网设置实体

(b) 柱梁节点高标号混凝土浇筑效果

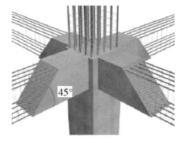
(c) 柱梁节点高标号混凝土浇筑3D示意图

图 5-11　柱梁钢丝网设置示意

5.1.5 混凝土外观质量问题控制

【问题描述 1】

混凝土出现塑性收缩裂缝(图 5-12)。

图 5-12　塑性收缩裂缝

【原因分析】

塑性收缩裂缝是指混凝土在凝结之前,表面因失水较快而产生的收缩,又称龟裂。塑性收缩产生的主要原因:混凝土在终凝前,表面失水过快使毛细管形成凹液面,由于表面张力作用,使得混凝土体积收缩,而此时混凝土已接近硬化、失去塑性变形能力而强度极低,无法抵抗体积收缩,因此产生龟状裂纹。

【预控措施】

(1)尽量减少混凝土中的单方用水量及粉煤灰掺量,控制混凝土拌合物浇筑的坍落度不宜过大。加强混凝土的保湿养护,混凝土浇筑后的最初几个小时至十几个小时是养护的关键时期,随时观察喷淋养护或蓄水养护,养护宜早不宜迟,混凝土在初凝前应进行二次抹面甚至三次、四次抹面,可有效减少塑性裂缝,闭合泌水通道,阻止一些细小裂缝的发展。

(2)模板拆除必须隔层拆除并且试块强度必须达到规范要求;后浇带的模板必须与周边模板分开独立设置,不得先拆后顶,待后浇带混凝土强度达到设计要求之后才能拆除;混凝土浇筑完成之后在 12 h 内进行养护,且不得少于 7 d,有抗渗要求的不低于 14 d;在强度达到 1.2 MPa 之前,不得上人作业,不得在楼面上集中堆载材料。

【问题描述 2】

混凝土出现干缩裂缝(图 5-13)。

图 5-13　干缩裂缝

【原因分析】

混凝土出现干缩裂缝的最主要原因是混凝土内部空隙水分的蒸发引起的毛细管引力。在干燥情况下,胶体中自由水逐渐蒸发产生毛细管引力,这种蒸发过程总是由表及里逐步发展的,一般在混凝土浇筑完成后的十几个小时至十几天内发生,因为胶体的体积随着水分的蒸发减少而不断收缩,从而引起混凝土开裂。一般来说,单位用水量和胶体数量越多的混凝土,其干缩变形也越大。

【预控措施】

尽量选用中、粗砂和干缩较小的普通硅酸盐水泥品种,适当提升混凝土的抗拉强度,在水泥用量一定的前提下,通过降低水胶比提高混凝土的抗(压)拉强度,提高抗裂性能,从而减小裂缝出现的概率。另外,后期的保湿养护同样重要,高温季节的保湿养护不应少于 7 d。

【问题描述 3】

混凝土出现温度裂缝(图 5-14)。

【原因分析】

混凝土在凝结硬化的过程中会产生大量的水化热,内部温度不断上升,会在表面形成拉应力;后期在降温过程中,由于受到周边结构或先浇混凝土的约束,又会在混凝土内部出现拉应力;当这些应力超出混凝土的抗拉能力时,就会在结构薄弱部位出现温度裂缝。

【预控措施】

水泥应尽量采取低水化热水泥,水泥熟料中 C_3A 含量应小于或等于 8%,水泥的比表面积宜低于 370 m^2/kg(试验表明,水泥比表面积每增加 10 m^2/kg,1 d 的水化热增加 17~21 kJ/kg,7 d 和 20 d 增加 4~12 kJ/kg)。配合比设计中适当增加外掺料的用量,以降低混凝土水化热。最后,在施工现场增加养护降温措施,尽量控制混凝土的(升)降温速率。

图 5-14 温度裂缝

【问题描述 4】

混凝土表面出现蜂窝、麻面(图 5-15)。

图 5-15 混凝土表面蜂窝、麻面

【原因分析】

（1）混凝土配合比不当或砂、石子、水泥等材料计量不准，造成砂浆少、石子多，当混凝土拌合物坍落度过大时，就会造成混凝土离析。

（2）混凝土搅拌时间不够，未拌和均匀，和易性差，振捣不密实。

（3）下料不当或下料过高使石子集中造成石子砂浆离析。

（4）混凝土未分层下料，振捣不实或漏振或振捣时间不够。

（5）模板缝隙未堵严，使水泥浆流失。

（6）钢筋较密时，碎石粒径偏大而坍落度过小，振捣又不到位。

【预控措施】

（1）对设备计量定期进行校验，配合比设计时，选用合理的砂率，至少不低于38％。另外，在混凝土运输、泵送、浇筑过程中严禁加水。

（2）保证混凝土的搅拌时间不低于30 s。

（3）确保混凝土拌合物的下料高度不超过 2 m，超过 2 m 时应设立串筒或溜槽。

（4）振捣施工前做好技术交底，并因地制宜地制定详细的浇筑施工方案，分层浇捣的厚度不超过 50 cm，每一振点的延续时间以表面呈现浮浆为度，振捣器不得触动钢筋和预埋件，振捣器应快插慢拔，在混凝土初凝前进行二次振捣。

（5）模板缝隙应堵塞严密，浇灌中应随时检查模板支撑情况，防止漏浆。

（6）钢筋较密时，应掺用一定比例的 5～16 mm 碎石，并加强施工振捣。

【问题描述 5】

混凝土表面出现粘模(图 5-16)。

图 5-16　混凝土表面粘模

【原因分析】

(1) 没有进行有效养护。

(2) 拆模过早,模板周转次数多,养护不及时。

(3) 混凝土凝结时间过长。

(4) 模板未清理干净或涂刷脱模剂不到位。

【预控措施】

(1) 在混凝土养护龄期内应加强保湿和保温,养护时长应满足规范要求。

(2) 在混凝土同条件试件至少达到设计强度的 50% 时再进行拆模,模板紧张时,应适当增加模板配套数量。

(3) 应根据运输距离和浇捣时间等,控制混凝土的凝结时间不宜过长。

(4) 模板使用前,应清理干净,涂刷好脱模剂后应注意防尘土污染(模板养护参见 5.1.2 模板质量问题控制)。

(5) 混凝土应分层浇筑,每层厚度控制在 300 mm(图 5-17)。

(a) 柱梁混凝土浇筑实体　　　　　　　　　(b) 板混凝土浇筑实体

图 5-17　柱梁(板)混凝土浇筑实体

5.2 装配式混凝土结构

5.2.1 预制构件成品保护质量控制

【问题描述】

预制混凝土构件未做好成品保护而被破坏(图 5-18)。

【原因分析】

(1) 运输过程中未做好保护,堆放和吊装过程中不小心碰坏。

(2) 构件脱模过早,养护不到位。

(3) 工人操作不当导致构件破损或后开洞等现象。

(a) 预制构件阳角破损

(b) 预制构件后开洞

图 5-18　预制混凝土构件成品被破坏

【预控措施】

（1）运输时应采取绑扎固定措施,构件接触部位应用垫衬。按要求根据不同构件类型分类堆放,有插放法、靠放法和平放法三种堆放方法。堆放场地需平整、结实,搁置点采用柔性材料,堆放好后采取固定措施(图 5-19)。

图 5-19　按规定要求运输和堆放构件

（2）驻场人员加强对构件厂的监督工作,确保构件按要求拆模、养护,厂家在构件拆模之前必须保证构件的强度达到规范要求。

（3）吊装前加强对工人的技术质量交底工作。

5.2.2 叠合板裂缝质量控制

【问题描述】

预制混凝土叠合板存在裂缝(图 5-20)。

图 5-20 叠合板表面裂缝现象

【原因分析】

（1）运输、堆放过程中未按要求堆放,堆放层数超过 6 层,导致下层的叠合板开裂。

（2）构件养护时间不到就从厂家运出。

（3）吊装好后操作层集中堆载造成叠合板开裂。

【预控措施】

（1）叠合板应采用平放运输,每块叠合板用 4 块木块作为搁置点,木块尺寸要统一,长度超过 4 m 的叠合板应设置 6 块木块作为搁置点,叠合板的叠放应尽量保持水平,叠放层数不宜大于 6 层,并且用保险带扣牢(图 5-21)。

（2）叠合板堆放时下面要垫木块等衬垫,防止构件因倾斜而滑动;叠合板叠放时用 4 块尺寸大小统一的木块衬垫,木块高度必须大于叠合板外露马镫筋的高度,以免上下两块叠合板相碰。

（3）加强对构件厂家和现场工人的交底工作。要求厂家对构件进行蒸汽养护,强度达到 75% 时出窑,按要求堆放并继续养护至强度达到 100%。要求吊装完成后工人不得在叠合板上集中堆放材料。

图 5-21   叠合板平放法

5.2.3   灌浆饱满度质量控制

【问题描述】

出现灌浆不饱满现象(图 5-22)。

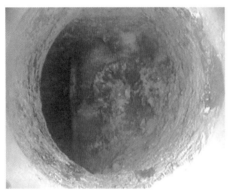

图 5-22   灌浆孔检测不饱满现象

【原因分析】

(1) 灌浆孔堵塞,灌浆前未清理干净。

(2) 灌浆料配料、拌制不规范。

(3) 大于 1.5 m 的构件未按要求分仓。

(4) 水平缝封堵不到位。

(5) 工人操作不规范,灌浆结束后未检查。

【预控措施】

(1) 基础处理:灌浆前逐个检查灌浆孔和出浆孔,应清理干净并润湿构件与灌浆料接触面,确保无影响浆料流动的杂物,保证孔路畅通。

(2) 灌浆料严格按照厂家指导配比进行配料、拌制,尽量避免高温期灌浆,并对现场材料及设备进行遮光。

(3) 灌浆腔密封:根据构件种类及现场施工条件采用适当的接缝处理方法对灌

浆腔进行密封,确保接头灌浆料不会流出,墙板长度超过 1.5 m 时应采用坐浆法分隔成相互独立的灌浆腔(图 5-23)。

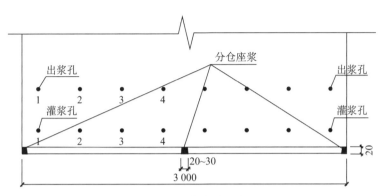

图 5-23 分仓坐浆示意图

（4）封堵排浆孔:等灌浆料从套筒排浆孔呈柱状流出时封堵排浆孔。如果一次对多个接头灌浆,应依次封堵已排出灌浆料的灌浆或排浆孔,直至封堵完所有接头的排浆孔。

（5）当采用竖向钢筋连接套筒时,灌浆料加水拌合 30 min 内,一经发现出浆孔空洞明显,应及时进行补灌;采用水平钢筋连接套筒施工停止后 30 s 内,一经发现灌浆料拌合物下降,应检查灌浆套筒的密封或灌浆料拌合物排气情况,并及时补灌。补灌后施工单位和监理单位必须进行复查。

5.2.4 楼梯滑动支座质量控制

【问题描述】

出现楼梯预留钢筋偏位(图 5-24)、锚固长度不正确(图 5-25)等问题。

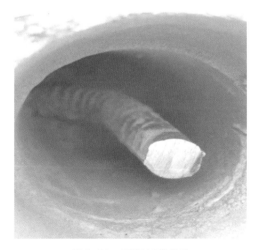

图 5-24 预留钢筋偏位

图 5-25 锚固长度不足

【原因分析】

（1）楼梯设计一端为滑移支座，但具体节点做法不明确。

（2）工人随意使用预留钢筋，导致钢筋锚固长度不足或过长，或没有丝牙等现象。

（3）预留钢筋预埋时未校准位置并做好定位加固措施。

【预控措施】

（1）图纸上做法不明确的，应在图纸深化时提出，让设计单位明确节点做法。

（2）在施工前进行施工质量交底并交底到班组成员。

（3）加强施工过程中的质量控制，特别是休息平台浇混凝土时要有人旁站看护，防止定位好的钢筋被移位（图5-26）。

图 5-26　楼梯滑动支座预留钢筋正确

5.2.5　预制构件与现浇段接缝质量控制

【问题描述】

现浇段与预制段存在漏浆现象（图5-27）。

【原因分析】

（1）构件深化时未考虑支模过程中对拉螺杆的位置。

（2）预制构件表面不平整。

（3）接缝处未采取有效堵漏措施。

图 5-27　预制段与现浇段拼缝漏浆

【预控措施】

（1）预制构件在深化时预留螺杆洞,预制构件装配后,让两个相邻构件连接可以增加构件稳定性,避免后期二次开孔洞,同时减少后期渗漏隐患(图 5-28)。

图 5-28　预制剪力墙预留螺杆洞及预留管线

(2) 在预制构件进场时,应按要求进行垂直度、平整度、截面尺寸等进场验收工作。

(3) 在接缝处模板内侧贴好双面胶,防止漏浆。

5.2.6 外墙拼缝质量控制

【问题描述】

外墙拼缝尺寸不符合设计要求(图 5-29)。

图 5-29 水平缝尺寸远大于设计要求

【原因分析】

(1) 现浇楼板表面平整度不到位。

(2) 预制构件下口、侧面不平整。

(3) 预制构件吊装不到位。

【预控措施】

(1) 现浇层控制好标高,确保表面平整度(图 5-30)。

(2) 加强预制构件进场验收工作,对尺寸严重不符合的构件作退场处理。

(3) 在吊装前做好技术质量交底工作,且构件吊装要做好定位工作。

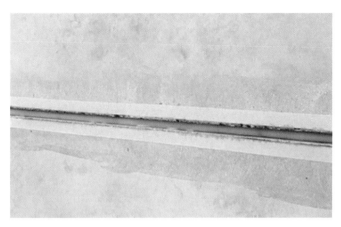

图 5-30　外墙拼缝尺寸符合设计要求

5.2.7　外墙防渗漏质量控制

【问题描述】

预制构件水平缝存在渗漏(图 5-31)。

图 5-31　预制构件水平缝渗漏现象

【原因分析】

(1)水平缝过大或过小,导致封堵料开裂或封堵不密实;水平缝过小,导致灌浆孔细小、堵塞。

(2)图纸深化时未考虑构造防水措施。

(3)外墙水平拼缝打胶不到位。

【预控措施】

(1)严格按照设计要求控制水平缝尺寸。

(2)图纸深化时提出设置防水企口(图 5-32),企口设置的高度不低于 20 mm。

(3)打胶的时候一定要将胶打得饱满,不能跳打,要顺序操作;密封胶施工时的加压是很重要的，不结实的按压材料会影响黏结性能。

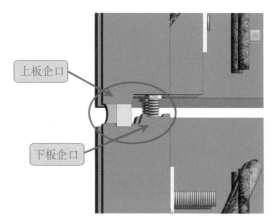

图 5-32　水平缝构造防水措施

5.2.8　预制空调板防渗漏控制

【问题描述】

预制空调板渗漏(图 5-33)。

图 5-33　预制空调板下口渗漏现象

【原因分析】

(1) 深化时未考虑降板 2 cm。

(2) 板内坡度未正确设置，造成积水。

(3) 打胶不到位或遗漏。

【预控措施】

(1) 图纸深化时提前考虑预制空调板需降板处理；且做好一次预埋翻口、地漏、结构找坡、栏杆预埋件等措施。

（2）空调板应设置沿边挡水反坎,下方应设置滴水线;空调板内地坪在构件制作时应设置好坡度,不能有积水。

（3）预制空调板安装时,板底应采用临时支撑措施;采用插入式安装方式时,连接位置应设预埋连接件,并应与预制墙板的预埋连接件连接,空调板与墙板交接的四周防水槽口应嵌填防水密封胶(图5-34)。

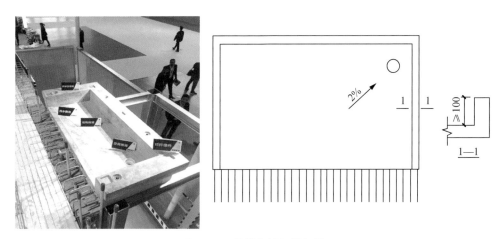

图 5-34　预制空调板样板图

5.2.9　夹心保温板质量控制

【问题描述】

保温层拼缝不严密,保温层连续性不足(图5-35)。

图 5-35　保温层铺贴不严密,出现漏贴现象

【原因分析】

构件厂家未严格按照设计要求加工制作。

【预控措施】

(1) 加强驻场验收机制。

(2) 加强进场验收管理。

5.3 砌体结构

5.3.1 砌体标高、轴线等尺寸偏差控制

【问题描述】

导墙顶部高低不平，与砌体墙平面不平整，有接槎(图 5-36)。

图 5-36 导墙高低不平、几何尺寸变形

【原因分析】

(1) 结构施工面标高控制不平,高差明显。

(2) 导墙模板高度和混凝土浇捣面不匹配,造成导墙施工面标高不满足设计要求。

(3) 导墙支模刚度差,或拆模较早造成变形。

(4) 砌块几何尺寸误差。

【预控措施】

(1) 导墙面标高应严格按照建筑 1 m 线控制,导墙模板高度应与混凝土浇筑截面高度一致,模板截面尺寸要准确。

(2) 导墙支模根部要采用短钢筋植入楼板面,上端采用对拉螺杆固定,防止混凝土浇捣时产生胀模。导墙模板待混凝土强度达到要求后方可拆除,拆模时注意保护,避免缺棱掉角。

（3）控制好结构楼板面混凝土浇捣标高，做到表面平整（图5-37）。

（4）在砌筑时，对尺寸偏差不满足规范要求的砌块应剔除。

图 5-37 导墙混凝土收头平整

【问题描述】

砌体墙垂直度、平整度偏差大（图5-38）。

图 5-38 砌体实测垂直度偏差较大

【原因分析】

（1）未使用皮数杆施工。

（2）导墙施工前结构地坪不平整。

（3）建筑1 m标高未线引测到对应的墙体施工区域，构造柱植筋位置与导墙预设位置存在偏差。

（4）砌筑时垂直方向没有吊线、水平向没有拉线控制，施工时砌体之间间距、灰缝厚度不统一。

（5）施工前对班组交底要求不明确。

【预控措施】

（1）砌筑施工前应在砌体的转角处设置皮数杆进行标高控制，皮数杆应划出砖的皮数和灰缝厚度，注明门窗洞口、过梁、圈梁、楼板等主要部位的标高。

（2）导墙施工前，需对结构地面高低不平处进行整平处理，使其高差控制在 20 mm 以内。

（3）墙体砌筑前，砌筑区域的混凝土墙、柱上应标出 1 m 控制线，植筋前根据墙体定位均匀布置钢筋位置，保证导墙和构造柱位置相一致。

（4）墙体砌筑过程中，采用铅垂线、靠尺检验墙面的垂直度和平整度（图 5-39）。每皮砖砌筑时，采用拉通长线的方式控制水平灰缝，操作者应随时检查砌体间距、灰缝厚度并校正偏差。

（5）严格落实交底制度，引入样板段施工，做好三检上墙工作。

图 5-39　控制砌体垂直度

【问题描述】

砌块缺棱掉角，砌体墙被破坏（图 5-40）。

【原因分析】

（1）运输过程中的磕碰导致砌块受损。

（2）砌块找砖未使用专用工具切割。

（3）构造柱、过（圈）梁、安装等工序施工对墙体的损伤。

(a) 砌体外观缺棱掉角较多 　　　　(b) 砌体外观无缺棱掉角

图 5-40　砌体墙外观

【预控措施】

(1) 砌块运输过程中避免磕碰,底部应有支垫,保证包装完好;运输车辆禁止超宽装载;砌块到现场后应放置在具有防雨措施的堆场内;做好砌块进场验收工作,验收过程中发现有严重损坏的砌块应及时剔除。

(2) 砌块找砖应采用专用的切割机。

(3) 构造柱、过(圈)梁封模要采用对拉螺杆固定,不得用模板卡具打穿砌体;机电安装开槽应采用专用工具,并考虑墙体厚度,避免砌体墙受损。

5.3.2　砌体结构抗渗控制

【问题描述】

有防水要求的房间砌体根部渗漏(图 5-41)。

图 5-41　砌体根部位置渗漏

【原因分析】

(1) 墙体未设置混凝土导墙。

(2) 混凝土导墙与结构地面施工缝内有夹渣。

(3) 导墙与竖向混凝土构件交接面未凿毛,导墙上表面的浮浆未清理。

【预控措施】

(1) 涉水房间砌体墙底部应设置混凝土导墙,高度宜为 150 mm(图 5-42)。且建议涉水房间的混凝土导墙在主体结构施工中一次性施工。

(2) 砌体导墙浇筑前,应及时清理结构地面施工缝,避免施工缝引起的渗水隐患。

(3) 施工缝处结合面应进行凿毛处理,凿毛深度控制在 5~10 mm,混凝土浇筑前应对施工缝进行接浆处理;墙体砌筑前,应清除导墙表面的浮浆。

图 5-42 砌体导墙无渗漏

【问题描述】

外墙混凝土窗台渗漏。

【原因分析】

(1) 窗洞口砌体未设置混凝土窗台(图 5-43)。

(2) 混凝土窗台未找坡。

(3) 混凝土窗台两侧边和砌体接触面不严密,造成两侧边渗漏(图 5-44)。

【预控措施】

(1) 外墙窗台砌体顶部应设置高度 100 mm,混凝土强度不低于 C20,内配 2ϕ10 纵筋和 2ϕ6@200 分布筋的压顶梁。

图 5-43 窗洞口砌块上部未设置混凝土窗台　　　　图 5-44 混凝土窗台未伸入砌体墙内

（2）混凝土窗台应向外找坡不小于 5%。

（3）混凝土窗台两端伸入砌体墙内,长度不小于 200 mm,如四周遇混凝土构件时应与之连接成整体(图 5-45)。

图 5-45 混凝土窗台浇筑质量较好

【问题描述】

外墙砌体顶部嵌缝不饱满造成渗漏(图 5-46)。

图 5-46 外砖墙顶部嵌缝不饱满

【原因分析】

（1）嵌缝时间过早。

（2）墙顶缝未分两次嵌塞。

【预控措施】

（1）填充墙与主体结构的缝隙嵌塞,应在填充墙砌筑完成 14 d 后进行。

（2）20～30 mm 预留缝隙用水泥砂浆填实。30～50 mm 预留缝隙用细石混凝土分两次将空隙填实,首次采用细石混凝土进行嵌缝凹进墙面 15～20 mm,再用水泥砂浆进行第二次嵌缝(图 5-47)。

图 5-47 外墙顶缝密实

【问题描述】

外墙砌体脚手眼封堵不密实,造成渗漏(图 5-48)。

图 5-48 脚手眼封堵遗漏

【原因分析】

(1) 脚手眼封堵遗漏。

(2) 封堵随意用碎砖等杂物填充、混凝土不密实。

【预控措施】

(1) 砌体完成后,对外立面砌体墙上的脚手眼数量进行全数检查、统计,待外立面脚手架拆除前,根据统计的脚手眼数量安排封堵施工,避免遗漏(图 5-49)。

图 5-49 脚手眼修补质量较好

（2）洞口两侧支模板,一侧留出浇筑口;封堵前应浇水湿润,用短钢筋捣密实。

【问题描述】

外墙砌体灰缝砂浆不饱满、表面疏松,竖缝有假缝、瞎缝,使用断裂砌块造成渗漏（图 5-50）。

图 5-50　外砖墙勾缝不密实导致渗漏

【原因分析】

（1）砌筑砂浆和易性差,砌筑时灌浆困难。

（2）砌筑过程中未及时勾缝。

（3）砌筑前未提前喷水润砖。

（4）使用断裂的砌块。

【预控措施】

（1）砂浆采用筛除大颗粒的中砂或者中粗砂,严格控制砂浆配合比,砂浆稠度控制在 60～80 mm。

（2）竖向灰缝确保饱满,及时勾缝;掌握好勾缝时间;水平灰缝铺筑应均匀平坦,铺灰长度一次不要超过 500 mm,炎热天气还应缩短长度。墙面勾缝在砌筑几皮砖以后,先在灰缝处划出 10 mm 深的灰槽,待砌完整个墙体以后,再用细砂拌制 1∶1.5 水泥砂浆勾缝（图 5-51）。

（3）砌体砌筑前应提前浇水湿润。

（4）断砌块和大缺角的砌块严禁在外墙部位使用。

图 5-51 外砖墙勾缝饱满

5.3.3 砌体结构抗震控制

【问题描述】

砌体砌筑未按设计要求放置通长拉结筋。

图 5-52 砖墙未设置通长拉结筋

【原因分析】

(1) 砌块采用专用黏结剂砌筑,工人为贪图省时省力,砌块上未开槽。

(2) 技术质量交底中未明确拉结筋设置要求。

【预控措施】

（1）砌块上开槽深度大于钢筋直径，宽度大于两根钢筋直径，沿框架缝或剪力墙全高每隔 500 mm 埋设或后植入 2Φ6 通长拉结钢筋。若采用搭接方式连接时，搭接长度 55d 且不小于 400 mm，采用焊接接头时，单面焊的焊接长度 10d。

（2）施工管理人员要了解设计图纸意图，强化班组教育，将拉结筋要求写入技术质量交底中，过程中检查砌体内通长拉结筋设置情况（图 5-53）。

图 5-53 正确设置通长拉结筋

【问题描述】

构造柱设置位置错误、数量不足（图 5-54）。

(a) 墙体转角处未设置构造柱   (b) 墙体自由端未设置构造柱

图 5-54 构造柱设置错误

【原因分析】

技术人员不熟悉规范图纸,未考虑现场实际情况,没有绘制砌体构造柱平面布置图。

【预控措施】

编制砌体结构施工专项方案,可利用 BIM 模型软件绘制构造柱排布图(图 5-55),对构造柱设置列出设计、规范要求,明确构造柱设置原则:如墙长每隔 5 m 设置 1 根;填充墙转角处(十字转角、T 形转角、L 形转角等部位)、墙体交接处为两种不同类型的墙体材料时,都需增设构造柱。

图 5-55　构造柱设置平面图

【问题描述】

墙高超过设计与规范要求,未设置圈梁(图 5-56);墙体后开洞未设置过梁(图 5-57)。

图 5-56　超 4 m 高砖墙未设置圈梁　　　图 5-57　安装开洞未设置过梁

【原因分析】

（1）未画皮数杆或未按皮数杆要求布置圈梁。

（2）砌筑高度高，工人因贪图方便不设置圈梁。

（3）因图纸修改造成后开洞位置过梁遗漏。

【预控措施】

（1）墙体砌筑高度超 4 m 时，皮数杆应画出圈梁位置（图 5-58）。

（2）对班组技术交底时明确需设圈梁的部位，同时可在构造柱深化图上标明需设圈梁的墙体。

（3）对后开洞做好跟踪处置工作，超过 300 mm 的洞口应加设过梁。

图 5-58　超高墙体按设计要求设置圈梁

5.3.4　砂浆饱满度控制

【问题描述】

砂浆和易性差，影响砂浆饱满度（图 5-59）。

【原因分析】

（1）砌筑用商品砂浆配合比不良。

（2）砌筑施工前砌块未提前浇水湿润，导致砌筑时吸收砂浆水分。

（3）砂浆使用超过规定时间。

（4）夏季施工时，砂浆水分流失严重。

（5）冬季施工时，未能按照冬季施工方案调整砌筑砂浆稠度或添加外加剂。

图 5-59 砂浆饱满度不足

【预控措施】

(1)严格按照产品说明书的要求控制砂浆配合比,确保砂浆达到预期性能,防止因灰缝饱满度不足(尤其竖向灰缝)引起的墙体裂缝和渗水问题(图 5-60)。

图 5-60 砂浆勾缝饱满(优良照片)

(2)砌筑砌块必须提前浇水湿润,严防干砖上墙使砌筑砂浆早期脱水而降低强度。

(3)砌筑砂浆应随拌随用。一般拌制的砂浆应在 3 h 内使用完毕;当施工期间最高温度超过 30 ℃时,应在 2 h 内使用完毕。

(4)夏季施工时,避开中午高温时段施工作业,尽可能安排清晨和傍晚的时间段施工作业。及时调整砂浆配合比。

（5）冬季施工砂浆使用温度不得低于 5 ℃，砂浆稠度应较常温时适当增加一级；按规范要求添加外加剂（防冻剂），使砂浆在低温情况下保持强度继续增长，达到砂浆抗冻早强的目的。

【问题描述】

勾缝砂浆与砌体黏结不牢，引起开裂（图 5-61）。

图 5-61　砌块砂浆黏结不牢

【原因分析】

（1）勾缝砂浆稠度未按产品说明书确定。

（2）勾缝不及时，勾缝与砌体砂浆黏结不牢。

（3）砌体的灰缝过宽或过窄，影响勾缝质量。

【预控措施】

（1）严格按照产品说明书要求控制勾缝砂浆配合比，确保砂浆和易性与黏结力良好。

（2）墙面勾缝采用砌筑砂浆随砌随勾的原浆勾缝和加浆勾缝。加浆勾缝系指在砌筑几皮砖以后，先在灰缝处划出 10 mm 深的灰槽。待砌完整个墙体以后，再用细砂拌制 1∶1.5 的水泥砂浆勾缝。图 5-62 为勾缝清晰的砌体。

（3）在砌体转角处、楼梯间、长墙等部位需立皮数杆，一般可每隔 10～15 m 立 1 根，同时应在砌筑时带麻线操作。严格控制水平灰缝和竖向灰缝厚度。

图 5-62 砌体勾缝清晰、无开裂

5.3.5 砌体结构裂缝控制

【问题描述】

砌体顶缝与梁或板底水平裂缝(图 5-63)。

图 5-63 砌体顶缝开裂

【原因分析】

(1) 顶缝宽度不符合设计图纸要求,嵌缝一次完成。

(2) 砌体填充墙顶部因灰缝沉降变形不均匀产生裂缝。

(3) 砌体材料上墙时因含水量高或养护周期不足,产生收缩裂缝。

(4) 砌块与梁或板底混凝土表面有浮灰,影响黏结力。

【预控措施】

(1) 填充墙砌至接近梁底、板底,预留有 30 mm 左右的缝隙,待下部填充墙的砌筑完成 14 d 后,用细石混凝土分两次将缝隙填实。

（2）填充墙与承重主体结构间的空（缝）隙部位施工,应在填充墙砌筑 14 d 后进行,待墙体灰缝充分沉降变形均匀,避免墙顶产生裂缝。

（3）确保砌体材料含水量与养护周期符合使用要求,砌块出厂存放 28 d 以后,待砌块收缩稳定后再使用。

（4）缝隙嵌塞前应清除缝隙内浮灰等杂物。图 5-64 为嵌塞饱满的砌体顶缝。

图 5-64　砌体顶缝嵌塞饱满

【问题描述】

构造柱周边砌体灰缝开裂(图 5-65)。

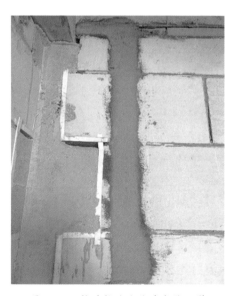

图 5-65　构造柱边砌体墙灰缝开裂

【原因分析】

（1）砌块完成砌筑后由于平整度偏差大或砌筑完时间不长,安装构造柱模板扰动了周边砌块产生裂缝。

（2）砌块排列不合理,构造柱边有小于1/3的小砌块。

（3）水平灰缝内未设置拉结筋。

【预控措施】

（1）待砌体强度达到一定强度方可安装构造柱模板,对拉螺杆应设置在构造柱内,以防止扰动周边砌块(图5-66)。

（2）墙体砌筑前,应绘制砌体排列图,避免使用小于1/3的小砌块。

（3）技术质量交底明确拉结筋设置要求。

图5-66 构造柱四周灰缝饱满

【问题描述】

墙体出现不规则裂缝(图5-67)。

图5-67 砌体表面斜裂缝

【原因分析】

（1）不均匀沉降引起开裂现象。

（2）构造措施不够。

【预控措施】

（1）墙体应严格按照图纸、规范要求施工（图 5-68）。

（2）与设计方协商增加构造措施，如墙长方向设置伸缩缝；或在原有设置构造柱间距上加密构造柱数量，提高砌体整体刚度措施。

图 5-68　异形墙砌筑灰缝无裂缝

【问题描述】

安装管线开槽引起砌体开裂（图 5-69、图 5-70）。

图 5-69　安装开槽位置砖墙产生裂缝　　　　图 5-70　安装开槽破坏砌块

【原因分析】

(1)砌体完成后未达到一定强度即开槽。

(2)剔槽方法不正确。

【预控措施】

(1)砌体强度根据规范要求满足强度后,方可进行开槽(图5-71)。

(2)墙体上开槽应先用切割机割缝,再轻凿开槽,避免凿打震动墙体,剔槽深度应保证线管外表皮距墙面基层15 mm,并用水泥砂浆封堵严密。

图5-71 安装开槽顺直、修补平整

5.3.6 不同材料与砌体连接节点控制

【问题描述】

砌体结构与钢结构连接不牢(图5-72)。

图5-72 砌体与钢柱连接不牢

【原因分析】

(1) 图纸深化内容不全,做法不明确。

(2) 砌体结构中的钢筋和钢结构未有效连接。

(3) 砌体结构与钢结构之间非膨胀防火涂料疏松、开裂。

【预控措施】

(1) 对图纸内涉及的具体节点进行深化,同时需要得到设计方认可。

(2) 在与构造柱、砌体连接时,应采用 U 形钢筋或 L 形铁件焊接在钢结构上,焊接应满足规范要求,保证构造柱及墙体的稳定性(图 5-73)。

(3) 防火涂料一次涂抹不得过厚,防止因自身收缩不均匀造成裂缝,涂层时应在 1/3 处沿顺时针或逆时针依次定向抹涂,严格控制每遍涂层厚度为 7~9 mm,确保中间涂层厚度均匀,直至达到设计厚度。

图 5-73　砌体与钢柱结合紧密

5.3.7　后植筋质量控制

【问题描述】

钢筋锚固不牢,起不到应有的拉结作用(图 5-74、图 5-75)。

【原因分析】

(1) 胶黏剂品种选用不当。

(2) 基层混凝土缺陷未修补。

(3) 钻孔深度不足及孔径偏差过大。

(4) 钢筋表面及孔内清理不到位。

图 5-74　钢筋种植不牢,被拉出　　　　　图 5-75　胶水不饱满

（5）打胶不饱满或养护不到位。

【预控措施】

（1）植筋用胶黏剂应采用改性环氧类结构胶黏剂或改性乙烯基酯类结构胶黏剂,其性能应符合相应设计及规范要求。特殊环境应采用耐环境因素作用的胶黏剂。

（2）在符合要求的混凝土结构上进行植筋,如有裂缝、松散等应先进行修补处理。植筋前增加对植筋区域混凝土强度检测,并扩大后植筋的现场非破坏性检验比例(图 5-76)。

图 5-76　进行非破坏拉拔检测

（3）选用合适钻头(通常大一号)并在钻头上用油漆标记控制钻孔的直径与深度,钻孔时钻头与植筋面垂直。

（4）植筋前将钢筋表面锈迹、油污等污渍清理干净。用空压机或手动气筒彻底吹净孔内粉尘,再用丙酮擦拭孔道,并保持孔道干燥。

（5）向孔内注胶黏剂,快速低压排出气泡,胶的数量应满足锚固要求,确保密实(图 5-77);将钢筋按顺时针方向缓慢旋转插入孔内(胶液有少许溢出为佳),进行临时固定,并按照厂家提供的养护条件进行固化养护,固化期间禁止扰动。

图 5-77　种植钢筋胶液饱满

【问题描述】

种植钢筋位置不准确(图 5-78、图 5-79)。

图 5-78　拉结筋钢筋偏位

图 5-79　构造柱植筋歪斜

【原因分析】

（1）拉结筋未按皮数杆进行植筋定位。

（2）构造柱钢筋未进行弹线定位。

（3）植筋孔不垂直。

（4）植筋时碰到钢筋使其移位。

【预控措施】

（1）严格按照皮数杆设定高度进行植筋定位,控制混凝土导墙上表面标高及平整度,保证拉筋位置准确,避免弯折(图5-80)。

（2）对构造柱植筋部位进行弹线标记(图5-81)。

（3）钻孔时保证钻头垂直,垂直度偏差不超过5°。

（4）根据设计及规范适当调整植筋位置。

图 5-80　植筋高度与砌筑高度吻合无弯折

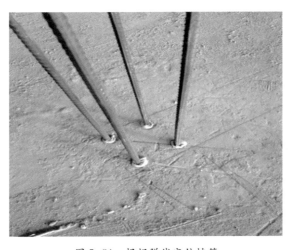

图 5-81　根据弹线定位植筋

5.3.8 构造柱质量控制

【问题描述】

构造柱混凝土表面存在蜂窝麻面、孔洞、露筋等缺陷(图 5-82、图 5-83)。

图 5-82 构造柱表面出现麻面   图 5-83 构造柱表面出现裂缝

【原因分析】

(1)构造柱模板固定不牢靠、拼缝不严密。

(2)构造柱簸箕口凿除粗糙。

(3)构造柱振捣不充分。

(4)拆模过早。

【预控措施】

(1)严格按照专项方案固定模板,在墙体沿构造柱边缘粘贴双面胶,转角以 45°拼接,以降低漏浆风险。

(2)构造柱簸箕大小匹配,混凝土振捣密实,凿除簸箕口时避免破坏构造柱(图 5-84)。

(3)采用插入式振捣棒,随振随投料,防止卡住;应振捣至模板缝开始出浆,混凝土上表面不再下沉,无大量气泡排出和出现砂浆层为度;待混凝土施工缝处稍收水后,再二次振捣一次,以保证混凝土不出现蜂窝、孔洞和露筋;振捣时,振捣棒应避免触碰砖墙。

(4)构造柱混凝土强度达到拆模强度要求后方可拆模。

图 5-84　构造柱浇捣密实

【问题描述】

马牙槎留设不规范(图 5-85、图 5-86)。

图 5-85　马牙槎设置不对称

图 5-86　马牙槎"先进后退"

【原因分析】

(1) 砌筑前未进行砌块排列及构造柱布置策划。

(2) 操作人员不熟悉马牙槎留设要求。

(3) 圈梁上部砌筑时,未按下部的排砖方式布置。

【预控措施】

(1)砌筑前可利用BIM模型软件等方式做好构造柱排布图。

(2)向操作人员做好技术质量交底工作。

(3)墙体有圈梁时,上部排砖应根据下部排砖格局布置,确保上下一致。

图5-87为马牙槎对称设置。

图5-87 马牙槎对称设置

5.4 钢结构工程

5.4.1 焊接缺陷质量控制

【问题描述】

焊接完成后,焊缝表面有裂纹(图5-88)。

(a) 焊缝表面有裂纹   (b) 焊缝表面饱满

图5-88 焊缝表面有裂纹及饱满对比

【原因分析】

(1)焊道坡口不平整,或有杂质和油污,极易产生气孔及夹渣。

(2)焊接材料不匹配,低等级焊材焊高等级材料,是引起焊缝裂纹的主要因素。

(3)节点设计不合理,焊接应力集中,是引起层状撕裂和焊缝开裂的主要原因。

（4）焊接参数不合理,焊缝层间温度未控制,厚板焊接未按规范预热缓冷,焊接顺序有误,未正确使用引弧板等极易产生焊缝缺陷和端头撕裂。

【预控措施】

（1）施焊前对焊道进行打磨处理,清理一切杂质。

（2）正确使用焊材焊剂。焊材、焊剂需按要求进行烘焙。

（3）焊接参数必须严格按照工艺规范,严格控制焊缝层间温度。厚板焊接（或低温环境下）按规范要求进行预热等处理[4]。

（4）对接板焊缝两端部应正确使用引弧板。焊接衬板必须与接头母材金属贴合良好。

（5）焊工必须持"焊接技术等级证书"上岗。

5.4.2　焊缝表面气孔控制

【问题描述】

焊接完成后,焊缝表面存在气孔（图 5-89）。

(a)焊缝表面存在气孔　　　　　　　　　(b)焊缝表面饱满

图 5-89　焊缝表面有气孔及饱满对比

【原因分析】

（1）焊件表面杂物清理不到位,杂质在焊接高温时产生的气体进入熔池。

（2）焊接材料没有经过烘焙或烘焙不符合要求。

（3）焊接过程中由于防风措施不严格,熔池混入气体;焊接电弧过长,保护效果减弱,空气中的氮、氧侵入熔池;保护气喷嘴被焊接飞溅物堵住,熔池得不到有效保护。

（4）焊接速度过快,熔池中的气体来不及逸出而形成气孔。

【预控措施】

（1）焊前清理焊件坡口及坡口两侧的铁锈、油污、油脂、涂料、水分等。

（2）焊接材料需经过烘焙且烘焙符合要求。

（3）焊接过程中做好相应的防风措施,避免熔池混入气体;焊接时及时检查清理保护气喷嘴,使用防堵膏保护喷嘴;改变焊接参数,按工艺预热,减缓焊缝冷却速度,以便焊缝内气体及时逸出。

(4)焊工技能符合要求,持证上岗,按工艺规范进行操作。

5.4.3 焊接熄引板设置质量控制

【问题描述】

焊接熄引弧板设置长度不符合规范要求(图 5-90)。

(a) 熄引弧板长度不足   (b) 熄引弧板预留长度符合规范要求

图 5-90　熄引弧板长度设置

【原因分析】

(1)焊接时,引弧和收弧处是焊缝中最容易出现缺陷的地方,焊接引板最主要的作用是防止焊接缺陷;对接焊缝两端不设置焊接引板,或引板长度不满足要求,导致接头端部焊缝内存在缺陷,影响对接焊缝的承载能力。

(2)焊接衬板未按要求与接头母材金属贴合良好,焊接衬板在整个焊缝长度内未保持连续,焊接衬板厚度薄导致烧穿。

(3)焊接技术交底不清楚或未交底;焊工经验不足或质量意识差,对其危害认识不够。

【预控措施】

(1)对接焊缝两端应设置焊接引板,手工焊的引板长度应大于 25 mm,埋弧焊的引板长度应大于 80 mm。

(2)焊接衬板应与接头母材金属贴合良好,间隙不应大于 1.5 mm;焊接衬板在整个焊缝长度内应保持连续,不得存在断口;手工焊钢衬板厚度不应小于 4 mm,埋弧焊钢衬板厚度不应小于 6 mm,且应符合焊接工艺要求。

(3)加强焊接技术交底,明确焊接质量;加强焊接验收标准学习,严格按照标准施工。

5.4.4 栓钉碰焊及手工焊缺陷控制

【问题描述】

焊钉根部360°范围内焊缝不饱满(图5-91)。

(a) 根部焊缝不饱满　　　　　　　　(b) 焊脚立面360°范围内焊缝饱满

图 5-91　根部焊缝设置

【原因分析】

(1) 施焊面存在铁锈、油污、油漆等杂质,导致导电性差,容易偏弧。

(2) 焊接角度倾斜,极易偏弧,不能在360°范围内均匀成型。

(3) 手工焊时,因围焊手势差别,容易形成假焊。

(4) 焊钉保存不当,有水、锈蚀、油污;拉弧式栓钉焊的陶瓷环,未按要求烘干后使用;待焊工件焊接区域未清理干净,存在铁锈、油污、油脂、涂料、水分等。

(5) 焊接技术交底不清楚或未交底,施焊焊工经验不足或质量意识差。

【预控措施】

(1) 清除施焊表面的杂质、油漆等,必要时对施焊点进行打磨。

(2) 使用栓钉焊枪施工时,必须确保栓钉与焊接面垂直。

(3) 使用手工焊必须电流适合、手势角度适合,焊毕需清除焊渣并进行检查。

(4) 焊钉保存良好,无水、无锈蚀、无油污;拉弧式栓钉焊的陶瓷环,按要求烘干后使用。

5.4.5 摩擦面处理控制

【问题描述】

(1) 摩擦面保护纸未清理干净或被油污、泥土等污染(图5-92)。

(2) 螺栓孔钻孔后毛刺未处理,连接板剪切或切割后边缘毛刺未处理。

(3) 除锈喷砂未达标,摩擦面存在氧化层。

(4) 摩擦面预留(不油漆)过少,导致节点板覆盖油漆面。

以上问题均会导致螺栓拧紧后抗滑移系数衰退。图5-93为平整后的摩擦面表面。

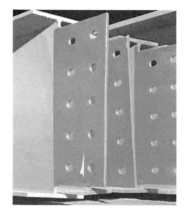

图5-92 摩擦面保护纸未清理 　　　　图5-93 摩擦面表面平整

【原因分析】

(1)运输、堆放过程中构件及摩擦面被污染。

(2)加工厂在钻孔后未处理毛刺。

(3)管理意识不强。

【预控措施】

(1)构件及连接板出厂前严格把关,不得有飞边、毛刺、焊接飞溅物、焊疤、氧化铁皮等杂质。

(2)加强运输、吊运、堆放管理。

(3)安装前对所有构件及节点板进行再检查,对不合格摩擦面进行修整后使用[4]。

5.4.6　随意气割扩孔质量控制

【问题描述】

螺栓孔错位,螺栓不能自由穿入,采用气割扩大高强度螺栓孔直径(图5-94)。

【原因分析】

(1)构件加工有误差或安装偏差造成螺栓孔对不上。

(2)混凝土埋件偏差较大(虽然在混凝土施工偏差范围内),造成钢结构构件装不上。

(3)构件编号混乱,造成构件安装方向、位置不对,造成孔距偏差。

【预控措施】

(1)与混凝土连接位置,应采用现场配置一对一节点板,现场施焊。

(a) 气割扩孔   (b) 螺栓自由穿入

图 5-94 随意气割扩孔

（2）对个别错位严重的节点,更换连接板。

（3）严禁采用气割方式进行扩孔。

5.4.7 梅花头未拧断控制

【问题描述】

高强螺栓根部梅花头未拧断(图 5-95)。

(a) 扭剪型螺栓未终拧   (b) 螺栓终拧

图 5-95 螺栓终拧设置

【原因分析】

（1）因结构空间狭小,导致扭矩扳手无法施工,螺栓的梅花头不能拧断。

（2）电动扭矩扳手长时间未定扭矩,导致扭力偏差。

（3）个别高强螺栓不合格。

【预控措施】

(1)遇到设计缺陷无法施拧时有两种处理方法:①去除阻挡加劲板,螺栓施工完成后再安上;②改换成大六角高强螺栓,用手工扭力扳手施工。

(2)按时(每天施工前)对扭力扳手进行扭力测试。

(3)按规范3 000套螺栓抽8个送检,确保该批螺栓指标合格。

5.4.8 螺栓外露丝扣控制

【问题描述】

螺栓外露丝扣未达到规范要求(图5-96)。

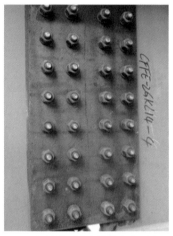

(a) 螺栓外露丝扣不符合规范要求   (b) 螺栓外露丝扣符合规范要求

图5-96 螺栓外露丝扣规范设置

【原因分析】

(1)螺栓长度种类较多,使用时管理不到位,施工人员随意性大。

(2)节点板不平整或摩擦面内有杂物。

(3)螺栓垫圈漏放。

【预控措施】

(1)应严格按高强螺栓连接副的批号存放与组装,不同批号的螺栓、螺母、垫圈不得混杂使用。

(2)节点连接板应平整,因各种原因引起的弯曲变形应及时矫正平整后才能安装。

5.4.9 栓焊节点螺栓施拧顺序控制

【问题描述】

栓焊节点应按规范先对螺栓进行初拧后再进行翼板焊接,焊接完成后螺栓终拧

(图 5-97)。

图 5-97　螺栓施拧与焊接顺序颠倒

【原因分析】

(1)未掌握施工工序、工艺要求,不了解规范的规定要求。

(2)焊接完成后,该节点会产生制约性,导致螺栓节点无法完全制紧,对结构安全有不利影响。

【预控措施】

(1)节点施工前,对施工人员进行技术质量专项交底,了解规范要求,明确施工工序。

(2)加强现场质量动态管理,对首次施工节点质量管理人员进行旁站指导。

5.4.10　组装基准控制

【问题描述】

构件出厂无基准线、中心线、标高线,导致现场测量无法正确定位。

【原因分析】

(1)原加工时基准线等被油漆覆盖,且无钢冲印记,无法复原。

(2)构件安装线(包括柱、梁、斜撑等)在构件完成后随意标出。

【预控措施】

(1)制构件制作工艺前,工艺人员应了解项目的整体安装方案,充分理解构件的连接关系,根据不同的构件类型和节点连接方式,选择合理的装配基准。

(2)基准线在加工时打上钢冲印记,油漆涂装后按标准形式用色笔引申到构件表面。

(3)安装时严格按照基准线测量(图 5-98)。

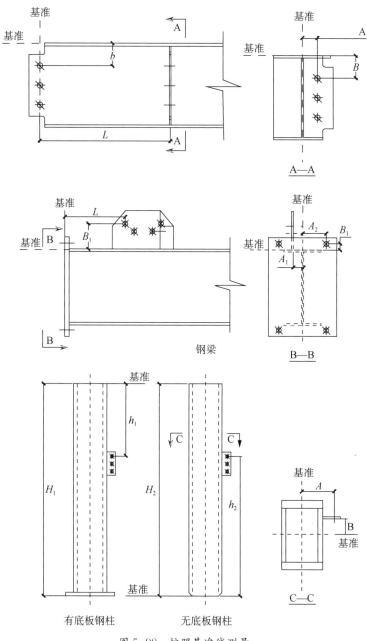

图 5-98 按照基准线测量

5.4.11 柱子扭曲控制

【问题描述】

构件焊接完成后扭曲变形超差(图 5-99)。

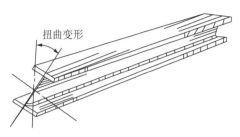

图 5-99 构件扭曲变形

【原因分析】

(1) 装配时胎架不平整,零件变形导致构件扭曲。

(2) 焊缝焊接顺序不合理、焊接方向不一致或一条纵向焊缝上参数变化较大。

(3) 构件未放置在水平胎架上焊接。

【预控措施】

(1) 构件应放置在水平胎架上装配。

(2) 采取对称、同向、同规范焊接。

(3) 在条件允许的情况下,应尽可能放置在水平胎架上焊接。

(4) 焊接时用马板或工艺劲板固定在平台上焊接,增加构件的刚性。

(5) 构件温度较高时不应吊运或翻身,吊运和翻身应选择合理的吊点。

(6) 用构件两端吊线法或者全站仪测量法加强对扭曲度的检验。

5.4.12 衬垫板装配控制

【问题描述】

衬垫板与焊接间隙过大(图 5-100、图 5-101)。

图 5-100 衬垫板与母材之间有间隙

图 5-101 衬垫板与母材紧贴

【原因分析】

(1) 衬板长度与焊缝长度不符。

(2) 节点装配不符合要求,对接钢板错边,导致衬垫板未紧贴。

【预控措施】

(1) 衬板长度下料时,要比焊缝稍长,采用引弧板时要加上引弧板长度。

(2) 提高工厂加工精度和现场装配质量,对接错边要满足规范要求。

(3) 焊工施焊前,需对节点装配质量进行验收,对不符合要求的装配节点需进行整改。

5.4.13 割伤母材控制

【问题描述】

切割耳板时过于贴近母材导致损伤(图 5-102、图 5-103)。

图 5-102 割伤母材　　　　　　　　图 5-103 切割平整

【原因分析】

火焰切割时,割嘴未紧贴母材,割焰俯向母材。

【预控措施】

(1) 选择合适的气割工具,保证氧乙炔气体压力。

(2) 切割时,割嘴要离开母材 3～5 mm,并且不能俯向母材。

(3) 对已割伤的部位进行焊补,并用砂轮机打磨平整。

(4) 加强焊工练习,提高操作水平和操作经验。

5.4.14 压型组合楼板漏浆控制

【问题描述】

压型板间隙处漏浆(图 5-104、图 5-105)。

【原因分析】

(1) 压型板加工过程中,制作尺寸存在偏差,偏差累积过大将会导致与实际铺板

图 5-104　压型板底部漏浆　　　　　图 5-105　压型板底部整洁

图不符,将会影响压型板结构的严密性,造成漏浆。

(2)压型板在运输、绑扎、装卸、堆放、吊装过程中,成品保护不当,产生变形或损伤,影响压型板铺设。

(3)压型板铺板前钢梁上杂物清理不到位,导致铺板过程中与钢梁间隙过大,难以消除,混凝土施工时,灰浆从间隙流出。

(4)栓钉焊接过程中,磁环放置不当或压型板与钢梁之间间隙过大,导致压型板局部击穿,混凝土施工时,灰浆从击穿位置流出。

(5)压型板与钢梁未点焊固定牢靠或压型板上荷载集中,导致压型板局部翘起,混凝土施工时,灰浆从点焊不牢位置流出。

【预控措施】

(1)压型板出厂及进场前应进行严格质量验收,确保压型板符合设计图纸规范要求。

(2)压型板在运输、绑扎、装卸、堆放、吊装过程中,做好成品保护,防止产生变形或损伤,影响压型板铺设。

(3)铺板前及时打磨清除钢梁表面杂物,吊耳割除磨平,要求尽量消除压型金属板与钢梁顶面的间隙,避免由于压型板与钢梁顶面间隙过大而漏浆。

(4)栓钉焊接过程中,磁环放置位置、压型板与钢梁之间间隙应符合规范要求,防止压型板局部击穿,混凝土施工时,灰浆从击穿位置流出。

(5)压型板与钢梁搭接锚固严实后,选用合适的电流进行压型板点焊固定。若电流过大,会导致压型板烧穿;若电流过小,导致压型板与钢梁固定不牢靠。点焊的间距应满足设计及规范要求,混凝土施工前,压型板中部应避免堆载过大,导致点焊局部松开,压型板局部翘曲,从而避免端部点焊位置出现漏浆现象。

5.4.15 压型板下挠控制

【问题描述】

混凝土浇筑时集中堆载后压型板板体产生下挠变形(图 5-106、图 5-107)。

图 5-106　板体下挠变形 　　　　　　　图 5-107　板体平整

【原因分析】

(1)压型板材料,板厚、钢筋大小不符合设计规范要求,桁架板搭接长度不符合设计要求。

(2)混凝土未浇筑前,交叉施工坠落物,焊机、配电箱、钢筋的搁置造成局部施工荷载较大。

(3)混凝土泵送点位于跨间,加之混凝土堆积过高也会产生较大的施工荷载,造成局部变形,使钢板挠度增大。

(4)梁间跨度较大时未设置临时支撑。

【预控措施】

(1)施工前确保压型板、钢筋符合设计规范要求,搭接长度满足设计图纸规范,栓钉安装质量符合要求。

(2)压型板施工完成后进行隐蔽验收,并做好成品保护。

(3)浇混凝土时,应小心避免混凝土堆积过高,以及倾倒混凝土所造成的冲击,应保持均匀一致,以避免楼承板局部出现过大的变形;倾倒混凝土时,尽量在钢梁处倾倒,并且迅速向四周摊开,以避免楼承板局部出现过大的变形。

(4)梁间大跨度混凝土浇筑前应设置临时支撑。

5.4.16 收边、泛水板的尺寸(精度)控制

【问题描述】

楼层压型板铺设后,收边板铺设时,未放设测量定位线,导致外围尺寸偏差(图 5-108)。

图 5-108　测量外围尺寸

尺寸控制应满足表 5-1 的要求。

表 5-1　泛水板、包角板、屋脊盖板几何尺寸的允许偏差

项目		允许偏差
泛水板、包角板、屋脊盖板	板长	±6.0 mm
	折弯面宽度	±2.0 mm
	折弯面夹角	≤2.0°

5.4.17　涂层返锈控制

【问题描述】

防腐漆完成后基层返锈(图 5-109、图 5-110)。

图 5-109　表面返锈　　　　　　　　　　图 5-110　涂层均匀

【原因分析】

（1）基材除锈等级不符合要求。

（2）富锌底漆含锌量不足,防腐涂料的树脂含量低。

（3）双组分油漆施工前不按照规定配比进行配制。

（4）施工环境,比如温度、相对湿度不符合要求。

（5）漆膜厚度过低,不符合要求。

【预控措施】

（1）基材抛丸除锈等级必须达到 Sa2.5 级。

（2）油漆采购必须控制质量,技术指标必须符合设计要求。

（3）双组分油漆施工前要按照规定配比进行配制。

（4）涂装时要注意底材温度需高于露点温度 3℃以上,以免底材凝露影响涂料的附着力。环境相对湿度低于控制在 85％以下,施工时环境温度要遵守说明书上的施工温度限制。

（5）漆膜厚度必须符合设计要求。

5.4.18　涂层表面流坠、乳突控制

【问题描述】

涂层表面出现流坠现象(图 5-111、图 5-112)。

图 5-111　表面流挂　　　　　　　　　　图 5-112　涂层均匀

【原因分析】

（1）油漆黏度太低。

（2）单遍涂装厚度太厚。

（3）喷涂时喷枪距离与基材太近,走枪速度太慢。

（4）喷枪口径太大,气压太低。

（5）环境温度太低,油漆干燥慢。

【预控措施】

（1）选用优质品牌、合格的油漆,稀释剂的添加比例要根据环境温度的不同适当调整。

（2）单遍涂装要根据产品说明书的要求控制好湿膜厚度,另外还要控制好二遍油漆涂装的时间间隔,滚涂的话尽量使用细毛辊筒。

（3）按照工艺要求控制好喷枪与基材的距离和走枪速度,喷涂工人的操作平台以及脚手架要根据喷涂要求合适移动就位和搭设。

（4）按照工艺要求选择合适的喷枪口径和调整合适的空压机压缩空气压力。

（5）施工时要随时检测环境温度,环境温度过低时要暂停施工。

5.4.19　防火涂层开裂、脱落控制

【问题描述】

防火涂料层开裂、脱落,基层返锈(图 5-113、图 5-114)。

图 5-113　涂层脱落　　　　　　　图 5-114　涂层表面平整

【原因分析】

（1）水泥基非膨胀型防火涂料施工时未按照要求先喷涂一道界面剂以增加防火涂料与基层的黏结强度。

（2）界面剂喷涂均匀,界面剂里胶水掺量太少以及胶水质量不符合要求。

（3）防火涂料未按照工艺要求施工,施工过程中和刚施工完毕防火涂料就被水浸蚀。

（4）施工时环境温度低于零度。

（5）非膨胀型防火涂料干密度太大,不符合材料标准。

（6）非膨胀型防火涂料施工时单遍施工厚度太厚。

（7）防火涂料每遍施工间隔时间太短。

（8）非膨胀型防火涂料施工未按照施工工艺要求挂网。

【预控措施】

（1）水泥基非膨胀型防火涂料施工时必须按照工艺要求先喷涂一道界面剂以增加防火涂料与基层的黏结强度。

（2）界面剂必须喷涂均匀,完全覆盖基面,厚度控制在 1～2 mm。胶水掺量一般为胶水:水:涂料 = 1:2.3:3(重量比),胶水为乙烯－醋酸乙烯共聚乳液,应该采购正规品牌产品。

（3）防火涂料施工应该严格按照施工工序,基面未断水严禁施工防火涂料,尤其是膨胀型防火涂料。

（4）环境温度低于零度时严禁防火涂料施工。

（5）施工单位应该在施工现场对进场的非膨胀型防火涂料的松散容重指标进行抽检,这样可以有效控制防火涂料的干密度。

（6）水泥基非膨胀型防火涂料施工时单遍施工厚度应该控制在 10 mm 左右。

（7）防火涂料施工每遍施工间隔时间要严格遵照施工工艺,一般非膨胀型防火涂料施工每遍间隔时间为 12 h,膨胀型防火涂料施工每遍间隔时间为 24 h。

参考文献

[1] 张大权.浅谈框架剪力墙结构建筑施工技术的应用[J].建材与装饰,2016(37)：10-11.

[2] 郑丽坤.混凝土工程表面缺陷处理技术[J].中国科技博览,2012(11).

[3] 张太红.谈高层建筑梁柱混凝土标号不一致的处理方法[J].山西建筑,2011(16)：112-114.

[4] 蒋曙杰,陈建平.钢结构工程质量通病控制手册[M].上海：同济大学出版社,2010.